普通高等教育"十二五"规划教材

给水排水工程

熊家晴　张　荔　任运根　主　编 ●
于文海　沈　文　副主编 ●
任勇翔　主　审 ●

化学工业出版社

·北京·

内容提要

　　本书是根据给水排水工程设计的特点和要求，按照国家制图标准，结合编者多年从事给水排水工程CAD教学和工程设计经验，基于当前设计行业使用最多的AutoCAD 2010版本编写的。教材介绍了AutoCAD技术的发展趋势和AutoCAD基础知识，详细讲述了给水排水工程CAD的基本图形绘制、基本图形编辑、图形修饰与信息查询、文字标注和尺寸标注、三维绘图等操作，以提高设计效率为出发点，介绍了AutoCAD在给水排水工程中应用的功能扩展、常见给水排水设计软件的使用，为了提高设计质量，介绍了给水排水工程CAD图纸成果要求。

　　本书将基本理论与工程应用紧密结合起来，突出实用性，注重学生工程意识和实践能力的培养，可供普通高等院校给水排水工程、建筑环境与设备工程、环境工程等专业的本科生及研究生作为教材使用，也可供给水排水工程专业技术人员阅读与自学。

图书在版编目（CIP）数据

给水排水工程 CAD/熊家晴，张荔，任运根主编. —北京：
化学工业出版社，2015.3（2023.1 重印）
普通高等教育"十二五"规划教材
ISBN 978-7-122-22881-9

　Ⅰ．①给…　Ⅱ．①熊…　②张…　③任…　Ⅲ．①给排
水系统-计算机辅助设计-AutoCAD 软件-高等学校-教材
Ⅳ．①TU991.02-39

中国版本图书馆 CIP 数据核字（2015）第 018804 号

责任编辑：满悦芝　　　　　　　　　　　　　装帧设计：刘丽华
责任校对：吴　静

出版发行：化学工业出版社（北京市东城区青年湖南街 13 号　邮政编码 100011）
印　　装：北京科印技术咨询服务有限公司数码印刷分部
787mm×1092mm　1/16　印张 14¼　字数 364 千字　2023 年 1 月北京第 1 版第 2 次印刷

购书咨询：010-64518888　　　　　　　　售后服务：010-64518899
网　　址：http://www.cip.com.cn
凡购买本书，如有缺损质量问题，本社销售中心负责调换。

定　　价：48.00 元　　　　　　　　　　　　　版权所有　违者必究

FOREWORD / 前言

　　熟练使用计算机辅助设计软件是给水排水工程专业学生应具备的基本技能之一。本书根据给水排水工程设计的特点和要求，按照国家制图标准，基于 AutoCAD 2010 编写，详细介绍利用 AutoCAD 2010 绘制给水排水工程图的基本方法。

　　本书分为 10 章，第 1 章介绍 AutoCAD 的应用与发展；第 2 章介绍 AutoCAD 安装与运行、界面以及图形文件基本操作等基础知识；第 3 章介绍二维基本图形绘制与编辑；第 4 章介绍给水排水工程 CAD 图形的修饰与信息查询；第 5 章介绍图形中的文字标注和尺寸标注；第 6 章介绍给水排水工程二维基本图形绘制方法与技巧；第 7 章介绍给水排水工程三维图形绘制基本方法；第 8 章介绍 AutoCAD 在给水排水工程应用中的功能扩展；第 9 章介绍给水排水工程常用专业软件的使用方法；第 10 章介绍给水排水工程 AutoCAD 图纸成果要求。全书注重 AutoCAD 基础知识与给水排水工程实践相结合，通过工程设计实例阐明不同知识点的内涵、使用方法和使用场合，具有很强的实用性。

　　本书可作为大专院校给水排水工程专业师生的教学参考书，也可供相关专业工程设计人员学习参考。

　　本书由熊家晴（西安建筑科技大学）、张荔（中山市环境保护科学研究院）、任运根（北京华龙环境工程公司）担任主编，于文海（中联西北工程设计研究院）、沈文（中国市政工程中南设计研究总院有限公司）担任副主编，任勇翔（西安建筑科技大学）担任主审，参加本书编写的还有田伟、吴疆（中联西北工程设计研究院）、杨辉（西安环宇建筑设计有限公司）、刘言正、任瑛（西安建筑科技大学）等，此外，杜晨、王怡雯、李珊珊等参加了部分基础工作，在此表示感谢。本书编写过程中参考了相关文献，在此向这些文献的作者深表感谢。

　　因编写人员水平有限，书中难免有疏漏与不足之处，恳请读者提出宝贵意见，以便本书在使用中不断更新和完善。

编　者

2015 年 6 月

CONTENTS

第6章　给水排水工程基本图形绘制方法　⑧⑤

第7章　给水排水工程三维绘图　⑬③③

第 1 章

概述

1.1 计算机的应用

（1）数字计算 早期的计算机主要用于科学计算。目前，科学计算仍然是计算机应用的一个重要领域。如高能物理、工程设计、地震预测、气象预报、航天技术等。由于计算机具有高运算速度和精度以及逻辑判断能力，因此出现了计算力学、计算物理、计算化学、生物控制论等新的学科。

（2）过程检测与控制 利用计算机对工业生产过程中的某些信号自动进行检测，并把检测到的数据存入计算机，再根据需要对这些数据进行处理，这样的系统称为计算机检测系统。特别是仪器仪表引进计算机技术后所构成的智能化仪器仪表，将工业自动化推向了一个更高的水平。

对于给水排水工程来说，计算机的应用表现在建筑给水排水中水压、流量的检测，洗手间的感应供水、建筑物的消防自动化等；给水工程的流量检测、水质检测，且根据进水水质控制加药量，根据液位控制滤池的自动清洗等；污水处理中根据液位差控制格栅的运行，根据液位控制水泵的运行机制，根据曝气池中的溶解氧浓度控制风机的运行机制，利用污泥界面仪控制二沉池的排泥等。

（3）信息管理 信息管理是目前计算机应用最广泛的一个领域，是利用计算机来加工、管理与操作任何形式的数据资料，如企业管理、物资管理、报表统计、账目计算、信息情报检索等。近年来，国内许多机构纷纷建设自己的管理信息系统（MIS），生产企业也开始采用制造资源规划软件（MRP），商业流通领域则逐步使用电子信息交换系统（EDI），即所谓无纸贸易。

（4）计算机辅助系统

① 经济管理：国民经济管理，公司企业经济信息管理，计划与规划，分析统计，预测，决策；物资、财务、劳资、人事等管理。

② 情报检索：图书资料、历史档案、科技资源、环境等信息检索自动化；建立各种信息系统。

③ 自动控制：工业生产过程综合自动化，工艺过程最优控制，武器控制，通信控制，交通信号控制。

④ 模式识别：应用计算机对一组事件或过程进行鉴别和分类，它们可以是文字、声音、图像等具体对象，也可以是状态、程度等抽象对象。

（5）人工智能　开发一些具有人类某些智能的应用系统，用计算机来模拟人的思维判断、推理等智能活动，使计算机具有自学习适应和逻辑推理的功能，如计算机推理、智能学习系统、专家系统、机器人等，帮助人们学习和完成某些推理工作。

1.2　AutoCAD 的发展

AutoCAD（Auto Computer Aided Design）是由美国 Autodesk 公司开发的通用微机辅助绘图与设计软件包，具有强大的设计和绘图能力，易于掌握，使用方便，体系结构开放，应用领域广阔。

1982 年，美国 Autodesk 推出了适用于 16 位 IBM-PC 及其兼容机的 AutoCAD 1.3 版本。随着计算机硬件的发展及成本的降低，AutoCAD 得到广泛应用及快速发展。我国经历了 AutoCAD 2.6、9.0、10.0、11.0、12.0、13.0、14.0、AutoCAD 2000—2013 等版本，其发展趋势主要表现为图形交互性能的改进、网络化的发展、三维功能的扩充、二次开发功能的加强、智能化的发展。

1.3　AutoCAD 的功能

① 绘图功能：可通过单击图标按钮、执行菜单命令及输入命令等方式，方便地绘制出各种基本图形（直线、圆、圆弧等），并方便地标注文字和尺寸，并可按尺寸直接绘图，一般不需要换算。

② 编辑功能：可采用各种方式对单一或一组图形进行编辑与修改（移动、复制、改变大小、删除局部或整体等），还可改变图形的颜色、线型、线宽等。

③ 设计功能：可利用设计中心有效地管理图纸、方便地借鉴和使用他人的设计思想和设计图形，从而提高绘图的质量和效率。

④ 输出功能：具有一体化的打印输出体系，支持所有常见的绘图仪和打印机，打印方式灵活、多样、快捷。

⑤ 互联网功能：能够让用户在任何时间、任何地点保持沟通，从而迅速而有效地共享设计信息。

⑥ 扩展功能：提供内部编程语言——AutoLISP，具有计算与自动绘图功能。同时，可通过使用功能更强大的编程语言（C、C++、VB、.net 等）处理复杂问题或进行二次开发。

1.4　给水排水工程 CAD 的发展

国内给水排水工程 CAD 技术起步稍晚，20 世纪 80 年代末才有单位开始尝试进行给水排水 CAD 软件的开发。1986 年，国家科委、原国家环境保护局共同委托同济大学环境工程学院进行 CAD 技术的研究。进入 90 年代后，给水排水 CAD 软件的开发步伐开始加快。1994 年年底全国给水排水学会和给水排水技术情报网组织召开的"计算机技术在给水排水专业应用研讨会"，对给水排水 CAD 软件的开发起了积极的促进作用，也标志着我国给水排水 CAD 技术蓬勃发展的开始。

目前，在给水排水工程领域，天正、理正、浩辰、鸿业和 PKPM 等给水排水软件主要应用于建筑给水排水工程和市政管道工程设计，而水处理工程设计软件发展相对滞后，各设计院仅对具体水处理工程进行针对性软件开发。

AutoCAD 基础知识

本书内容以 AutoCAD 2010 为基础。

2.1 安装与运行

（1）安装　AutoCAD 2010 安装盘中有一个名为"SETUP.EXE"的文件，执行此文件即可启动安装程序。在安装过程中，根据系统给出的各种提示给予正确响应后，即可完成安装。

（2）启动

① 双击桌面上 AutoCAD 图标（注：本书将"单击鼠标左键"或"双击鼠标左键"简称为"单击"或"双击"；单击鼠标右键简称为"右击"）。

② 依次单击菜单："开始"（Windows）|"所有程序"或"程序"|"Autodesk"|"AutoCAD 2010"|"AutoCAD 2010 -Simplified Chinese"。

③ 双击扩展名为"*.dwg"文件。

（3）退出

① 单击操作界面右上角的"关闭"按钮 ✕。

② 依次单击菜单："文件"|"退出"。

③ 命令行：输入"quit"。

若有尚未保存的文件，弹出"是否保存"对话框，提示保存文件。

2.2 界面与功能

2.2.1 界面

AutoCAD 2010 界面中大部分元素的用法和功能与 Windows 软件一样，系统提供了"二维草图与注释"（如图 2-1）、"三维建模"和"AutoCAD 经典"3 种工作空间界面。"三维建模"工作空间提供了大量的与三维建模相关的界面项，省去了与三维无关的界面项，方便操作。"AutoCAD 经典"工作空间界面窗口主要包括标题栏、菜单栏、工具栏、绘图区、命令行提示区、状态栏和坐标系等。

单击"切换工作空间"按钮,即可在弹出的菜单中选择切换(如图 2-2)。

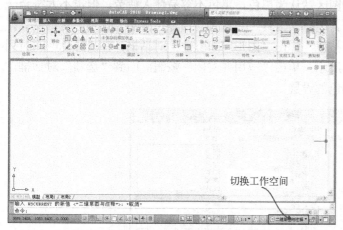

图 2-1 "二维草图与注释"工作空间界面　　　　图 2-2 切换工作空间

2.2.2 功能

(1)标题栏 标题栏增加了"菜单浏览器"按钮、"快速访问"工具栏以及"信息中心"。

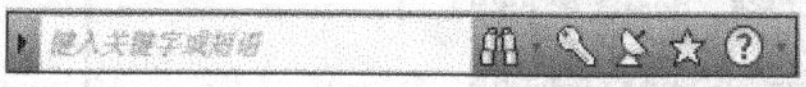

"菜单浏览器"将所有可用的菜单命令显示在一个位置以供选择可用的菜单命令。"快速访问"工具栏放置了常用命令的按钮。"信息中心"可同时搜索多个源项目(如帮助、新功能专题研习、网址和指定的文件等),也可搜索单个文件或位置。

(2)菜单栏 如图 2-3 所示,菜单栏位于界面的上部标题栏之下,除了扩展功能,共有 12 个菜单项,选择其中任意一个菜单命令,则会弹出一个下拉菜单,这些菜单几乎包括了 AutoCAD 的所有命令,用户可从中选择相应的命令进行操作。在 AutoCAD 中还有屏幕菜单栏,功能与下拉菜单的功能相似,现在已经很少用了。

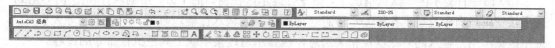

图 2-3 下拉菜单栏

(3)工具栏 工具栏是各类操作命令形象直观的显示形式,工具栏是由一些图标组成的工具按钮的长条,单击工具栏中的相应按钮即可启动命令。工具栏上的命令在菜单栏中都能找到,工具栏只是显示最常用的一些命令。图 2-4 显示了"AutoCAD 经典"工作空间常见的工具栏。

图 2-4 常见工具栏

用户想打开其他工具栏时,可以选择"工具"|"工具栏"|"AutoCAD"命令,弹出 AutoCAD 工具栏的子菜单,在子菜单中用户可以选择相应的工具栏显示在界面上。另外用户也可以在任意工具栏上单击鼠标右键,在弹出的快捷菜单中选择相应的命令调出该工具栏。工具栏可以自由移动,移动工具栏的方法是用鼠标左键单击工具栏中非按钮部位的某一点拖动。

（4）绘图区　绘图区是屏幕上的一大片空白区域，绘图区是用户进行绘图的区域。用户所进行的操作过程，以及绘制完成的图形都会直观地反映在绘图区中。

AutoCAD 2010 起始界面的绘图区默认为黑色，黑色不容易使人疲劳，但也不太符合一般人的习惯，使用者可以自己设定。选择"工具"|"选项"命令，弹出"选项"对话框。打开"显示"选项卡，单击"颜色"按钮，弹出"图形窗口颜色"对话框。在"颜色"下拉列表框中选择"白"选项，如图 2-5 所示。单击"应用并关闭"按钮，回到"选项"对话框，单击"确定"按钮，完成绘图区颜色的设置。

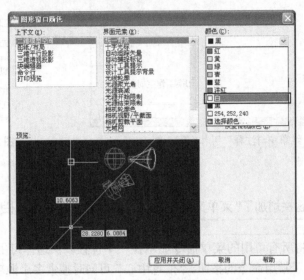

图 2-5　设置绘图区颜色

每个 AutoCAD 文件有且只有一个绘图区，单击菜单栏右边的"还原"按钮，即可清楚地看到绘图区缩小为一个文件窗口。因此 AutoCAD 可以同时打开多个文件。

（5）十字光标　十字光标用于定位点、选择和绘制对象，由定点设备如鼠标和光笔等控制。移动定点设备，十字光标的位置相应移动。十字光标线的方向分别与当前用户坐标系的 X 轴、Y 轴平行，十字光标的大小默认为屏幕大小的 5%（也可根据个人喜好设定大小）。

（6）状态栏　状态栏左侧显示十字光标当前的坐标值（X, Y, Z），中间显示辅助绘图的功能按钮，右侧显示常用工具按钮（如图 2-6）。功能按钮都是复选按钮，即单击按钮凹下，开启按钮功能，再次单击按钮凸起，关闭按钮功能。

图 2-6　状态栏

（7）命令行提示区　默认情况下，命令行提示区在窗口的下方，由输入行和提示区组成，用于接受用户命令及显示各种提示信息（如图 2-7）。输入行输入命令，命令不区分大小写；提示区提示用户输入的命令以及相关信息，也显示通过菜单或工具栏执行命令的过程。

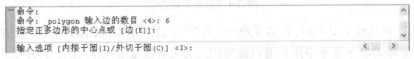

图 2-7　浮动"命令行提示区"

（8）功能区　功能区是 AutoCAD 2010 新增功能，可通过依次单击菜单"工具"|"选

项板"|"功能区"命令打开。功能区是"二维绘图与注释"工作空间的默认界面元素，由选
项卡组成，选项卡下集成了多个面板，面板上包含某一类型的工具按钮（如图 2-8）。

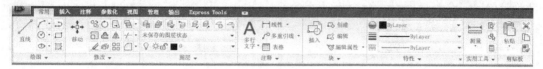

图 2-8　功能区

2.3　命令输入

（1）命令行输入　用键盘输入文字命令、命令别名或命令快捷键。下拉式菜单有字母提
示的也可以用键盘输入。

例如，命令: line。

（2）菜单调用　AutoCAD 有三种形式的下拉菜单。

① 无任何标志，单击后直接执行命令。

② 带 ▶，设有级联菜单，弹出下一级菜单（如图 2-9）。

③ 带三个小点，出现相应对话框（如图 2-10）。

图 2-9　下拉式菜单

图 2-10　"插入表格"对话框

（3）工具栏　AutoCAD 默认工具栏包括"标准"、"工作空间"、"绘图"、"修改"、"特性"、
"图层"、"样式"、"标注"（如图 2-11）等。将鼠标移到任一工具栏，单击即弹出菜单（菜单
上的 ▼ 表示有下拉工具项），也可添加需要的其他工具栏或自定义工具栏。

图 2-11　"标注"工具栏

2.4　对话框

通过对话框可查看、选择、设置、输入、调用命令或改变 AutoCAD 的初始设置。以"插
入表格"对话框为例，包括"表格样式"、"插入方式"、"插入选项"、"列和行设置"、"预览"、
"设置单元样式"等选项（如图 2-12）。

文本窗口与 AutoCAD 窗口相对独立，文本窗口保存并显示 AutoCAD 命令的历史记录（如

图 2-13）。此记录是只读的，不能编辑，但可进行选择和复制，也可粘贴到命令行或写字板等其他应用程序。

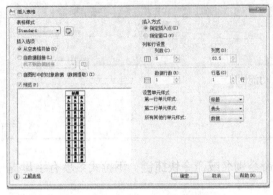 

图 2-12 "插入表格"对话框　　　　　　　　　　图 2-13 文本窗口

可通过如下三种方式显示文本窗口。

① 按 F2 键（再按 F2 键可回到绘图界面）。

② 依次选择菜单："视图" | "显示" | "文本窗口"。

③ 命令行：输入"textscr"。

2.5 图形文件基本操作

2.5.1 图形文件类型

AutoCAD 包括"*.DWG"、"*.DWS"、"*.DWT"、"*.DXF"4 种图形文件类型。其中，"*.DWG"文件是常用格式，"*.DWS"是图形标准检查文件，"*.DWT"是 AutoCAD FrontPage 模板文件，"*.DXF"是用于 AutoCAD 与其他软件之间进行 CAD 数据交换的 CAD 数据文件格式，是一种基于矢量的 ASCII 文本格式。

2.5.2 绘图环境设置

通常在 AutoCAD 默认设置下绘制图形。如使用特殊的定点设备、打印机或为了提高绘图效率，需在绘制图形前对系统参数、绘图环境等进行设置。

（1）设置绘图界限　绘图界限是在绘图空间中的一个假想的矩形绘图区域，显示为可见栅格指示的区域。打开图形界限边界检查功能时，一旦绘制的图形超出了绘图界限，系统将发出提示。一般来说，如果用户不做任何设置，AutoCAD 系统对绘图范围没有限制。

给水排水工程设计中，可不设置绘图界限，而将绘图区看作无穷大，绘制一幅或若干幅图纸，再根据需要确定出图区域，并采用合适的图框，这样更方便自由处理图纸。

可使用以下两种方式设置绘图极限。

① 依次选择菜单"格式" | "图形界限"。

② 命令行：输入"limits"。

执行上述操作后，命令行提示如下。

命令：**limits**
重新设置模型空间界限：
指定左下角点或 **[开（ON）/关（OFF）] <0.0000,0.0000>：**

输入"ON"，打开界限检查。若图形超出图形界限，系统不绘制图形，仅给出提示信息，以保证绘图的正确性。输入"OFF"，关闭界限检查。可直接输入左下角点坐标后按回车键，也可直接按回车键设置左下角点坐标为<0.0000,0.0000>。

按回车键后，命令行提示如下。

指定右上角点 **<420.0000,297.0000>：**

可直接输入右上角点坐标然后按回车键，也可直接按回车键设置右上角点坐标为<420.0000,297.0000>。

（2）设置绘图单位　绘制给水排水工程图时，需根据规范和标准对图纸大小和绘图单位进行统一设置。启动 AutoCAD 可以直接使用默认设置或者标准的样板图创建一张新图，也可根据需要定制符合设计规范或标准的样板图。

绘图前，可先设置绘图单位，一般绘图比例设置默认为 1:1，所有图形都将以实际大小来绘制。绘图单位的设置主要包括设置长度和角度的类型、精度以及角度的起始方向。

可使用以下两种方式设置绘图单位。

① 依次选择菜单"格式"|"单位"。

② 命令行：输入"ddunits"。

执行上述操作后弹出"图形单位"对话框（如图 2-14），可分别对长度、角度、插入比例、方向、光源等图形单位进行设置。

① 长度　在"长度"选项组中，可设置图形的长度单位类型和精度。

a."类型"下拉列表框：设置长度单位的格式类型。可选择"小数"、"分数"、"工程"、"建筑"和"科学"5 个长度单位类型。给水排水工程设计长度一般为"小数"类型。

b."精度"下拉列表框：设置长度单位的显示精度，即小数点的位数。最大可精确到小数点后 8 位数，默认为小数点后 4 位数。给水排水工程设计时，以"m"为单位取小数点后 3 位数，以"mm"为单位取整数。

② 角度　在"角度"选项组中，可设置角度单位的格式类型。

a."类型"下拉列表框：设置角度单位的格式类型。可选择"十进制数"、"百分度"、"弧度"、"勘测单位"和"度/分/秒"5 个角度单位类型。给水排水工程设计习惯采用"十进制数"。

b."精度"下拉列表框：设置角度单位的显示精度，给水排水工程设计多采用默认值 0。

c."顺时针"复选框：指定角度的正方向。选择"顺时针"复选框则以顺时针方向为正方向，不选中此复选框则以逆时针方向为正方向。默认情况下，不选中此复选框。

③ 插入比例　用于缩放插入内容的单位，单击下拉按钮，可选择所拖放图形的单位（毫米、英寸、码、厘米、米等）。室外给水排水工程一般采用"米"，建筑给水排水工程一般采用"毫米"。

④ 方向　单击"方向"按钮，弹出如图 2-15 所示"方向控制"对话框，可设置基准角度（B）的方向。AutoCAD 的默认设置中，B 的方向指向右（亦即正东方向），逆时针方向为角度增加的正方向。

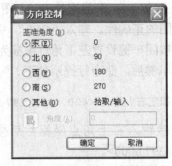

图 2-14　"图形单位"对话框　　　　图 2-15　"方向控制"对话框

⑤ 光源　光源对于绘图时显示着色三维模型和创建渲染非常重要，早期版本没有该项设置。"光源"选项组用于设置当前图形中光度控制光源强度的测量单位，其下拉列表提供了"国际"、"美国"和"常规" 3 种测量单位。

2.5.3　图形文件管理

AutoCAD 2010 图形文件管理功能主要包括新建、打开、保存、输入和输出图形文件等。

（1）新建　有 4 种方法创建一个新图形文件。

① 依次选择菜单："文件" | "新建"。

② 单击"标准"工具栏上的"新建"按钮 。

③ 命令行：输入"qnew"。

④ 快捷键："Ctrl+N"组合键。

执行上述操作打开如图 2-16 所示"选择样板"对话框，系统自动定位到样板文件所在的文件夹，不需做更多设置。在样板列表中选择合适的样板后，右侧的"预览"框内显示样板的预览图像。选择好样板之后，单击"打开"按钮即可创建新图形文件。

也可以不选择样板，单击"打开"按钮右侧的下三角按钮，弹出附加下拉菜单（如图 2-17），选择"无样板打开-英制"或"无样板打开-公制"，创建不以任何样板为基础的新图形。

图 2-16　"选择样板"对话框　　　　图 2-17　样板打开方式

（2）打开　有 4 种方法打开图形文件。

① 依次选择菜单："文件"|"打开"。

② 单击"标准"工具栏中"打开"按钮 📂 。

③ 命令行：输入"open"。

④ 快捷键："Ctrl+O"组合键。

执行上述操作打开如图 2-18 所示的"选择文件"对话框，可在"查找范围"下拉列表框中选择文件所在的位置，然后在文件列表中选择文件，单击"打开"按钮即可打开文件。

（3）保存　保存图形文件的方法有以下 4 种。

① 依次选择菜单："文件"|"保存"。

② 单击"标准"工具栏中的"保存"按钮 💾 。

③ 命令行：输入"qsave"。

④ 快捷键："Ctrl+S"组合键。

当前图形文件已保存过，则按原文件名保存。若当前图形文件尚未保存过，则弹出"图形另存为"对话框。在"图形另存为"对话框中，保存格式 DWG 是 AutoCAD 的图形文件，保存格式 DWT 是 AutoCAD 样板文件，这两种格式最常用。

AutoCAD 2010 提供了自动保存文件的功能，以避免未能及时保存文件带来的损失。依次选择菜单命令"工具"|"选项"，在"选项"对话框的"打开和保存"选项卡（如图 2-19）中设置自动保存的时间间隔。

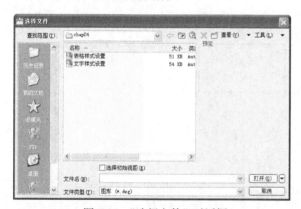

图 2-18　"选择文件"对话框

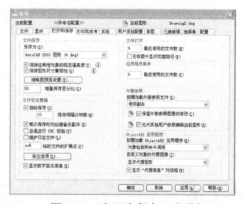

图 2-19　"打开和保存"选项卡

（4）打印　在"打印"对话框（如图 2-20）中设置打印参数。

①"页面设置"选项组中的"名称"下拉列表框中可以选择所要应用的页面设置名称，单击"添加"按钮则可以添加其他的页面设置。没有页面设置选择"无"选项。

②"打印机/绘图仪"选项组中的"名称"下拉列表框中可以选择要使用的打印机或绘图仪。选择"打印到文件"复选框，则图形输出到文件后再打印。

③"图纸尺寸"选项组的下拉列表框中可以选择合适的图纸幅面。

④"打印区域"选项组用于确定打印范围。"图形界限"选项表示打印布局时，将打印指定图纸尺寸的页边距内的所有内容。从"模型"选项卡打印时，将打印图形界限定义的整个图形区域。"显示"选项表示打印选定的"模型"选项卡当前视口中的视图或布局中的当前图纸空间视图。"窗口"选项表示打印指定图形的任何部分，这是直接在模型空间打印图形时最常用的方法。选择"窗口"选项后，命令行会提示用户在绘图区指定打印区域。"范围"选

项用于打印图形的当前空间部分(该部分包含对象),当前空间内的所有几何图形都将被打印。

⑤ "打印比例" 选项组用于设置图纸的比例,此时 "布满图纸" 为不选中状态,当选中 "布满图纸" 复选框后,其他选项显示为灰色,不能更改。

单击 "打印" 对话框右下角的 ⊙ 按钮,则展开 "打印" 对话框(如图 2-21)。"打印样式表" 选项组的下拉列表框可以选择合适的打印样式表,"图纸方向" 选项组中设置图形打印的方向和文字的位置,如果选中 "上下颠倒打印" 复选框,则打印内容将要反向。

图 2-20 "打印" 对话框

图 2-21 "打印" 对话框展开

第**3**章

>>>>>>>

二维图形绘制与编辑

3.1 二维图形绘制

3.1.1 坐标输入方式

工程设计的实体由点、线、面等元素组成，点是基本元素。AutoCAD 图形中点的位置由坐标系确定。AutoCAD 有世界坐标系（WCS）和用户坐标系（UCS）2 种坐标系。WCS是固定坐标系，存在于任何一个图形中且不可更改。其中，X 轴水平，Y 轴垂直，Z 轴垂直于XY 平面，符合右手法则。UCS 是可移动坐标系。

3.1.1.1 笛卡尔坐标系　笛卡尔坐标系又称直角坐标系。平面上任何一点都可用一对坐标值（x, y）定义。

（1）绝对坐标输入　图 3-1 绘制了一条从起始点为（-2,1）、端点（3,4）处结束的线段。在工具提示中输入以下信息。

```
命令：line
起点：-2,1
下一点：3,4
指定下一点：（按回车键退出命令）
```

（2）相对坐标输入　图 3-2 绘制了一个三角形的三条边。第一条边是一条线段，从绝对坐标（-2,1）开始，到沿 X 轴方向 5 个单位，沿 Y 轴方向 0 个单位的位置结束。第二条边也是一条线段，从第一条线段的端点开始，到沿 X 轴方向 0 个单位，沿 Y 轴方向 3 个单位的位置结束。最后一条直线段使用相对坐标回到起点。

```
命令：line
起点：-2,1
下一点：5,0
下一点：@0,3
下一点：@-5,-3
```

指定下一点：（按回车键退出命令）

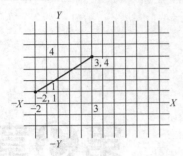
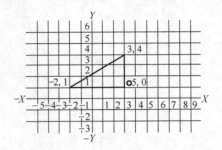

图 3-1　笛卡尔坐标系绝对坐标输入　　　图 3-2　笛卡尔坐标系相对坐标输入

3.1.1.2　极坐标系　极坐标系由一个极点和一个极轴构成，极轴的方向为水平向右。平面上任何一点都可由该点到极点的连线长度 $L(>0)$ 和连线与极轴的夹角 α（极角，逆时针方向为正）定义，即用一对坐标值（$L<\alpha$）来定义一个点，其中"<"表示角度。

（1）绝对极坐标输入　图 3-3 是采用绝对极坐标且使用默认的角度方向设置绘制的两条线段。在工具提示中输入以下信息。

```
命令：line
起点：0,0
下一点：4<120
下一点：5<30
指定下一点：（按回车键退出命令）
```

（2）相对极坐标输入　图 3-4 是用相对极坐标绘制的多边形。相对极坐标以上一个操作点为极点，其格式为：@距离<角度。如输入"@10<20"，表示该点距上一点的距离为 10，和上一点的连线与 X 轴成 20°。

```
命令：line
线的起始点：20,20
指定下一点：@30<90
指定下一点：@20,20
指定下一点：@60<0
指定下一点：@50<270
指定下一点：@-80,0
指定下一点：（按回车键退出命令）
```

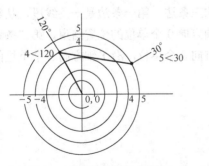
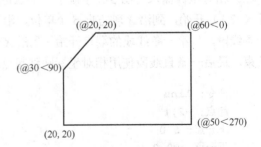

图 3-3　绝对极坐标输入实例　　　　　图 3-4　相对极坐标输入实例

3.1.2　绘制简单二维图形

3.1.2.1　绘制点

（1）设置点样式　几何学中的点是没有大小和形状的，但为了显示的需要，AutoCAD 提供了多种点样式（共 20 种）供选择。在执行画点命令之前，应先设定点的样式。

依次选择菜单"格式"│"点样式"，或命令行输入"ddptype"，即可打开"点样式"对话框（如图 3-5）设置点样式。

① 单击对话框上部点的形状图例来设置点的形状。

② 在"点大小"文字编辑框中指定所画点的大小。

③ 在"相对于屏幕设置尺寸"和"用绝对单位设置尺寸"中，选择"用绝对单位设置尺寸"按钮确定点的尺寸方式。

④ 单击"确定"按钮完成点样式设置。

（2）绘制单点/多点　命令调用方式如下。

① 依次选择菜单："绘图"│"点"│"单点/多点"。

② 工具栏："绘图" · 。

③ 命令行：输入"point"。

图 3-5　"点样式"对话框

> **指定点：**（指定点的位置画出一个点）
> **指定点：**（可继续画点或按 Esc 键结束命令）
> **命令：**

（3）绘制定数等分点　命令调用方式如下。

① 依次选择菜单："绘图"│"点"│"定数等分"。

② 命令行：输入"divide（div）"。

对图 3-6（a）的直线进行定数等分，结果如图 3-6（b）所示。

> **命令：**（输入命令）
> **选择要定数等分的对象：**（选择直线）
> **输入线段数目或[块(B)]：5**✓（输入线段数目 5，即将该直线等分为 5 段）
> **命令：**

(a) 定数等分前　　　　　　(b) 定数等分后

图 3-6　定数等分点示例

（4）绘制定距等分点　命令调用方式如下。

① 依次选择菜单："绘图"│"点"│"定距等分"。

② 命令行：输入"measure（me）"。

对图 3-7（a）的直线进行定距等分，结果如图 3-7（b）所示。

> **命令：**（输入命令）
> **选择要定距等分的对象：**（选择直线）
> **指定线段长度或[块(B)]：15**✓（输入线段长度）
> **命令：**

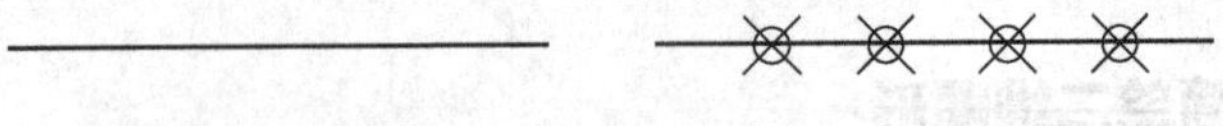

(a) 定距等分前　　　　　　　(b) 等距等分后

图 3-7　定距等分点示例

3.1.2.2　绘制直线段　命令调用方式如下。

① 依次选择菜单："绘图"｜"点"｜"直线"。

② 工具栏："绘图" ✏。

③ 命令行：输入"line"。

◇ 指定起点。

◇ 可以使用定点设备，也可以在命令提示下输入坐标值。

◇ 指定端点以完成第一条直线段。

◇ 要在执行"line"命令期间放弃前一条直线段，请输入"u"或单击工具栏上的"放弃"。

◇ 指定其他直线段的端点。

◇ 按 Enter 键结束，或者按 C 键使一系列直线段闭合。

◇ 要以最近绘制的直线的端点为起点绘制新的直线，请再次启动"line"命令，然后在出现"指定起点"提示后按 Enter 键。

3.1.2.3　绘制矩形、正多边形

（1）绘制矩形

◆ 菜单栏："绘图(D)" → "矩形(G)"。当前工作空间的菜单中未提供。

◇ 指定矩形第一个角点的位置。

◇ 指定矩形其他角点的位置。

◆ 工具栏："绘图" ▭。

◆ 命令行：输入"rectang"。

（2）绘制正多边形

① 绘制内接或外切正多边形

● 菜单栏："绘图(D)" → "正多边形(Y)"。

● 工具栏："绘图" ⬠。

● 命令行：输入"polygon"。

◇ 输入边数。

◇ 指定正多边形的中心。

◇ 输入选项指点指定内接于圆的正多边形或与圆外切的正多边形。

◇ 输入圆半径。

② 通过指定一条边绘制正多边形

在命令提示下，输入边数。

◇ 输入"e"（边）。

◇ 指定一条正多边形线段的起点。

◇ 指定正多边形线段的端点。

3.1.2.4　绘制圆、圆弧、椭圆、椭圆弧

（1）绘制圆

通过指定圆心和半径或直径绘制圆的步骤如下。

① 菜单栏："绘图(D)" → "圆(C)" → "圆心、半径(R)" 或 "圆心、直径(D)"。

② 工具栏："绘图" ⊙。

● 命令行：输入 "circle"。

✧ 指定圆心。

✧ 指定半径或直径。

创建与两个对象相切的圆的步骤如下。

此命令将启动 "切点" 对象捕捉模式。

✧ 选择与要绘制的圆相切的第一个对象。

✧ 选择与要绘制的圆相切的第二个对象。

✧ 指定圆的半径。

（2）绘制圆弧

① 通过指定三点绘制圆弧的步骤

● 菜单栏："绘图(D)" → "圆弧(A)" → "三点(P)"。在命令提示下，输入 "arc"。

● 工具栏："绘图" ⌒。

● 命令行：输入 "arc"。

✧ 指定起点。

✧ 在圆弧上指定点。

✧ 指定端点。

② 通过起点、圆心和端点绘制圆弧的步骤

✧ 指定起点。

✧ 指定圆心。

✧ 指定端点。

③ 使用切线延伸圆弧的步骤

✧ 完成圆弧绘制。

✧ 依次点击 "绘图(D)" → "直线(L)"。

✧ 出现第一个提示后按 Enter 键。

✧ 输入直线的长度并按 Enter 键。

④ 使用相切圆弧延伸圆弧的步骤

✧ 完成圆弧绘制。

✧ 依次单击 "绘图(D)" → "圆弧(A)" → "继续(O)"。

✧ 指定相切圆弧的第二个端点。

（3）绘制椭圆

① 绘制等轴测圆的步骤

● 依次单击 "工具(T)" 菜单→ "草图设置(F)"。

● 在 "草图设置" 对话框的 "捕捉和栅格" 选项卡的 "捕捉类型和样式" 下，单击 "等轴测捕捉"。单击 "确定"。

● 依次单击 "绘图(D)" → "椭圆(E)" → "轴、端点(E)" ⬭。

● 工具栏："绘图" ⬭。

● 命令行：输入 "ellipse"。

✧ 输入 "i"（等轴测圆）。

◇ 指定圆的圆心。

◇ 指定圆的半径或直径。

② 使用端点和距离绘制真正椭圆的步骤

● 依次单击"绘图(D)"→"椭圆(E)"→"轴、端点(E)"。

● 工具栏："绘图" 。

● 命令行：输入"ellipse"。

◇ 指定第一条轴的第一个端点。

◇ 指定第一条轴的第二个端点。

◇ 从中点拖离定点设备，然后单击以指定第二条轴二分之一长度的距离。

（4）绘制椭圆弧　使用起点和端点角度绘制椭圆弧的步骤如下。

◇ 指定第一条轴的端点。

◇ 指定距离以定义第二条轴的半长。

◇ 指定起点角度。

◇ 指定端点角度。

椭圆弧从起点到端点按逆时针方向绘制。

3.1.3　绘制复杂二维图形

3.1.3.1　多线　多线由 2～16 条平行线组成，这些平行线称为元素。绘制多线时，可以使用包含两个元素的 STANDARD 样式，也可以指定一个以前创建的样式。

（1）绘制多线

● 菜单栏："绘图(D)"→"多线(U)"。

● 命令行：输入"mline"。

◇ 在命令提示下，输入"st"以选择样式。

◇ 要列出可用样式，请输入样式名称或输入"?"。

◇ 要对正多行，请输入"j"并选择上对正、无对正或下对正。

◇ 要修改多行的比例，请输入"s"并输入新的比例。

◇ 开始绘制多行。

◇ 指定起点。

◇ 指定第二个点。

◇ 指定其他点或按 Enter 键。如果指定了三个或三个以上的点，可以输入"c"闭合多行。

（2）创建多线样式

◇ 依次单击"格式(O)"→"多线样式(M)"。在命令提示下，输入"mlstyle"。

◇ 在"多线样式"对话框中，单击"新建"，如图 3-8 所示。

◇ 在"创建新的多线样式"对话框中，输入多线样式的名称并选择开始绘制的多线样式，如图 3-9 所示。单击"继续"。

图 3-8　多线样式对话框

图 3-9　创建新的多线样式对话框

◇ 在"新建多线样式"对话框中，选择多线样式的参数。也可以输入说明，如图 3-10
所示。说明是可选的，最多可以输入 255 个字符，包括空格。

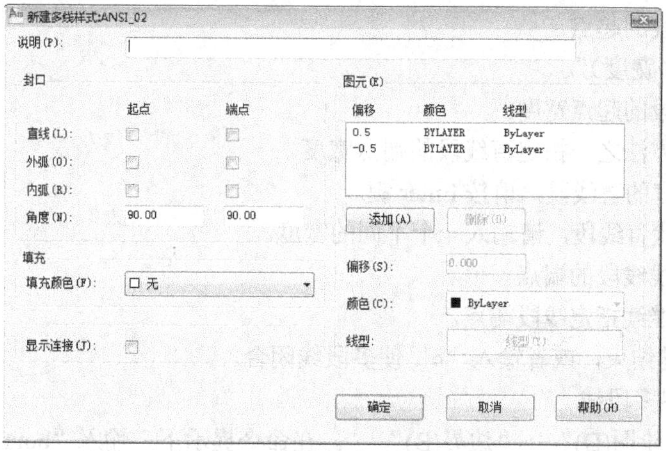

图 3-10　新建多线样式参数设置

◇ 单击"确定"。

◇ 在"多线样式"对话框中，单击"保存"将多线样式保存到文件（默认文件为
"acad.mln"）。可以将多个多行样式保存到同一个文件中。

若要创建多个多线样式，在创建新样式之前保存当前样式，否则，将丢失对当前样式所
作的修改。

3.1.3.2　多段线　多段线是作为单个对象创建的相互连接的线段序列。可以创建直线段、
圆弧段或两者的组合线段，如图 3-11 所示。多段线可用于地形、等压线、流程图和布管图。

可以使用多个命令创建多段线，这些命令包括：pline、
rectang、polygon、donut、boundary 和 revcloud。所有这些命
令均会生成 lwpolyline（优化多段线）对象类型。

（1）绘制包含直线段的多段线

● 菜单栏："绘图(D)" → "多段线(P)"　。

● 工具栏："绘图"　。

● 命令行：输入"pline"。

管道符号　　　不同的宽度

图 3-11　多段线创建示例

◇ 指定多段线的起点。

◇ 指定第一条多段线线段的端点。

◇ 根据需要继续指定线段端点。

◇ 按 Enter 键结束，或者输入"c"使多段线闭合。

要以最近绘制的多段线的端点为起点绘制新的多段线，请再次启动"pline"命令，然后

在出现"指定起点"提示后按 Enter 键。

（2）绘制直线和圆弧组合多段线

◇ 指定多段线线段的起点。

◇ 指定多段线线段的端点。

➤ 在命令提示下输入"a（圆弧）"，切换到"圆弧"模式。

➤ 输入"1"（直线），返回到"直线"模式。

◇ 根据需要指定其他多段线线段。

◇ 按 Enter 键结束，或者输入"c"使多段线闭合。

（3）创建宽多段线

◇ 指定直线段的起点。

◇ 输入"w（宽度）"。

◇ 输入直线段的起点宽度。

◇ 使用以下方法之一指定直线段的端点宽度。

➤ 要创建等宽的直线段，请按 Enter 键。

➤ 要创建锥状直线段，请输入一个不同的宽度。

◇ 指定多段线线段的端点。

◇ 根据需要继续指定线段端点。

◇ 按 Enter 键结束，或者输入"c"使多段线闭合。

（4）创建边界多段线

● 菜单栏："绘图(D)"→"边界(B)"□。在命令提示下，输入"boundary"。

● 命令行：输入"boundary"。

◇ 在"边界创建"对话框的"对象类型"列表中，选择"多段线"。

◇ 在"边界集"下，执行以下操作之一。

➤ 要从当前视口中显示的全部对象创建边界集，请选择"当前视口"。请不要在大型、复杂的图形中使用此选项。

➤ 要指定要包括在边界集中的对象，请单击"新建"。选择用于创建边界的对象。使用此选项将自动选择"现有集合"选项。

◇ 单击"拾取点"。

◇ 在要形成边界多段线的每一个区域内指定点。

此区域必须全部包围起来，也就是说，在包围的对象之间不能有空隙。可以选择多个区域。如果要将内部闭合区域包含在边界集合中，请单击"孤岛检测"。

◇ 按 Enter 键以创建边界多段线并结束命令。

该命令将根据边界的形状创建多段线。因为此多段线与用于创建它的对象重叠，所以它可能不显示。但是，可以像操作其他任何多段线一样对其进行移动、复制或修改。

3.1.3.3 样条曲线 样条曲线是经过或接近一系列给定点的光滑曲线。可以通过指定点来创建样条曲线，也可以封闭样条曲线，使起点和端点重合。

公差表示样条曲线拟合所指定的拟合点集时的拟合精度。公差越小，样条曲线与拟合点越接近。公差为"0"，样条曲线将通过该点。在绘制样条曲线时，可以改变样条曲线拟合公差以查看效果。

可以使用以下两种方法创建样条曲线。

使用 pedit 的"样条曲线"选项绘制样条曲线，可对通过 pline 创建的现有多段线进行平滑处理。这样的样条曲线拟合多段线是使用统一节点矢量创建的，很可能包含在使用本产品的早期版本创建的图形中。

使用 spline 绘制样条曲线，即 nurbs 曲线。与那些包含类似形的样条曲线拟合多段线的图形相比，包含样条曲线的图形占用较少的内存和磁盘空间。

使用 spline 可以很容易地将样条曲线拟合多段线转换为真正的样条曲线。

（1）将样条曲线拟合多段线转换为样条曲线

● 菜单栏："绘图(D)"→"样条曲线(S)" 〰 。

◇ 输入"o"（对象）。

◇ 选择一条样条曲线拟合多段线并按 Enter 键。

◇ 选定的对象由多段线变为样条曲线。

（2）通过指定点转换样条曲线

● 菜单栏："绘图(D)"→"样条曲线(S)" 〰 。

● 工具栏："绘图" 〰 。

● 命令行：输入"spline"。

◇ 指定样条曲线的起点(1)。

◇ 指定点 2～5 以创建样条曲线，然后按 Enter 键。

◇ 指定起点切线和端点切线（6 和 7）。

样条曲线绘制示例如图 3-12 所示。

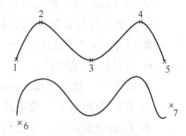

图 3-12　样条曲线绘制示例

3.1.3.4　修订云线　修订云线是由连续圆弧组成的多段线。用于在检查阶段提醒用户注意图形的某个部分。

revcloud 用于创建由连续圆弧组成的多段线以构成云线形状的对象。用户可以为修订云线选择样式："普通"或"手绘"。如果选择"手绘"，修订云线看起来像是用画笔绘制的。

可以从头开始创建修订云线，也可以将对象（例如圆、椭圆、多段线或样条曲线）转换为修订云线。将对象转换为修订云线时，如果 delobj 设置为"1"（默认值），原始对象将被删除。

（1）从头开始创建修订云线

● 菜单栏："绘图(D)"→"修订云线(V)" ☁ 。

● 工具栏："绘图" ☁ 。

● 命令行：输入"revcloud"。

◇ 在命令提示下，指定新的弧长最大值和最小值，或指定修订云线的起始点。

默认的弧长最小值和最大值设置为 0.5000 个单位。弧长的最大值不能超过最小值的 3 倍。

◇ 沿着云线路径移动十字光标。要更改圆弧的大小，可以沿着路径单击拾取点。

◇ 可以随时按 Enter 键停止绘制修订云线。

要闭合修订云线，请返回到它的起点。

（2）使用画笔样式创建修订云线

● 菜单栏："绘图(D)"→"修订云线(V)" ☁ 。

● 工具栏："绘图" ☁ 。

● 命令行："revcloud"。

◇ 在命令提示下，输入"style"。

◇ 在命令提示下，输入"calligraphy"。

◇ 按 Enter 键以保存手绘设置并继续该命令，或者按 Esc 键结束命令。

（3）将对象转换为修订云线

● 菜单栏："绘图(D)"→"修订云线(V)"。

● 工具栏："绘图"。

● 命令行：输入"revcloud"。

◇ 在命令提示下，指定新的弧长最大值和最小值，或者按"Enter"键。

默认的弧长最小值和最大值设置为 0.5000 个单位。弧长的最大值不能超过最小值的 3 倍。

◇ 指定要转换为修订云线的圆、椭圆、多段线或样条曲线。要反转圆弧的方向，请在命令提示下输入"yes"，然后按 Enter 键。

◇ 按 Enter 键将选定对象更改为修订云线。

（4）更改修订云线中弧长默认值

● 菜单栏："绘图(D)"→"修订云线(V)"。

● 工具栏："绘图"。

● 命令行：输入"revcloud"。

◇ 在命令提示下，指定新的弧长最小值并按 Enter 键。

◇ 在命令提示下，指定新的弧长最大值并按 Enter 键。弧长的最大值不能超过最小值的 3 倍。

◇ 按 Enter 键继续该命令，或者按 Esc 键结束命令。

（5）编辑修订云线中单个弧长或弦长

◇ 在图形中，选择要编辑的修订云线。

◇ 沿着修订云线的路径移动拾取点，更改弧长和弦长。

3.1.4 块与外部引用

图块和属性是 AutoCAD 绘制相同符号或图形的一种有效方法。绘制一套给排水工程图，有时需要多次绘制相同的符号或图形（标高、管道附件、阀门等），这时，用户可将这些常用符号或图形定义成图块或带有属性的图块，根据需要将其按任意比例、任意旋转角度插入到图中任意位置，且可进行无限制次数地插入。AutoCAD 将图块中的符号或图形作为一个整体来处理。利用图块和属性功能绘图，第一可避免重复绘制相同图形、便于图形的修改、同时输入非图形信息，并可用来建立常用图形库，从而提高绘图效率；第二可节约图形文件占用磁盘空间；第三可使绘制的工程图规范、统一。

3.1.4.1 创建图块

在 AutoCAD 中，使用"block"和"wblock"两个命令创建图块，由这两个命令所创建的图块使用同一命令：ddinsert 来插入。因此，弄清这两种图块的区别进而合理地使用它们，这对使用者特别是初学者来说是非常重要的。

用"block"命令创建的图块是内部图块，用"wblock"命令创建的图块是外部图块，这两种图块的保存形式不同。前者是内存在某一个特定图形文件中，而后者则是以一个独立图形文件的形式存在。

用"block"命令创建的内部图块只能用在图块所在的那张图中，不能用于其他图，而且这些图块无论是否使用都在此图形文件中占有容量。所以当创建的图块在图中用量很大，而且其他图又不需要使用它时，应使用该命令。用"wblock"命令创建的外部图块，可以在任何图形中被调进插入其中，而且该图块是独立的，不调入时它不会占有所绘图的磁盘空间。所以当创建的图块在多张图中要使用时，应用"wblock"命令创建外部图块（相当于建图形库）。

无论使用哪个命令来创建图块，组成图块的对象都必须事先画出，而且必须是可见的。

组成图块的对象所处的图层是非常重要的。图块可以由绘制在若干图层上的对象组成，AutoCAD 将图层的信息保留在图块中。插入图块时，AutoCAD 有如下约定。

插入图块时，图块中位于 0 图层上的对象被绘制在当前图层上；图块中位于其他图层上的对象仍在它原来的图层上绘出。若当前图形中有与图块同名的图层，则图块中该图层上的对象绘制在当前图中同名的图层上；若当前图层中没有与图块同名的图层，AutoCAD 将给当前图增加相应的图层，并将图块中相应图层的对象绘制在增加的图层上。

若要把创建为图块的对象绘制在任意命名的图层上，这在利用"ddinsert"命令来将这些图块插入至当前图时，会使当前图中的图层多出许多来，插入的图块越多，图层也就越来越多，这将给我们后续的绘图与输出图造成困难。所以，创建工程图中的图块，应在与当前图一致的绘图环境中来创建，应使图块中对象所在的图层与当前图一致。

（1）创建内部图块

● 调用方式

➢ 菜单栏："绘图"|"块"|"创建"。

➢ 工具栏："绘图"|🖫。

➢ 命令行：输入"block"或"bmake"。

➢ 命令操作与选项说明。

命令：（输入命令）

启动命令后，将弹出图 3-13 所示的"块定义"对话框。其操作如下。

图 3-13　"块定义"对话框

① 输入要创建的内部图块的名称。在"名称"文本框中输入要创建的图块名称。

② 确定图块的插入点。单击"基点"选项组中"拾取点"按钮 进入绘图状态，同时命令行出现如下提示。

指定插入点：（在图上指定图块的插入点）

指定插入点后，又重新显示"块定义"对话框。也可在该按钮下边的"X"、"Y"、"Z"文本框中输入具体坐标值来指定插入点。

③ 选择要定义的对象。单击"对象"选项组中"选择对象"按钮 进入绘图状态，同时命令行出现如下提示。

选择对象：（选择要定义的对象）
选择对象：

选定对象后，又重新显示"块定义"对话框。

④ 单击"确定"按钮，进入块属性编辑器。如图 3-14 所示。

在块编辑器里，点击 ，选择"可见"、"固定"等模式，输入"标记"、"提示"、"默认"等属性。

（2）创建外部图块

● 调用方式

命令行：输入"wblock(w)"。

● 命令操作与选项说明

命令：（输入命令）

启动命令后，将弹出图 3-15 所示的"写块"对话框。以绘制的某部分对象直接定义成外部图块为例，操作步骤如下。

图 3-14 块属性编辑对话框

图 3-15 "写块"对话框

① 选择要定义的对象。在"源"选项组中选择"对象"选项钮，再单击"选择对象"按钮 返回图纸，同时命令区出现如下提示。

选择对象：（选择要定义的对象）
选择对象：

选定对象后，又重新显示"写块"对话框。

② 确定图块的插入点。单击"拾取点"按钮 ↳ 返回图纸，同时命令区出现如下提示。

> **指定插入基点：**（在图上指定图块的插入点）
> 命令：wblock
> 指定插入基点：*取消*
> 指定插入基点：_int 于
> 选择对象：找到 1 个
> 选择对象：找到 1 个，总计 2 个
> 选择对象：找到 1 个，总计 3 个
> 选择对象：

3.1.4.2　插入图块

所谓插入图块，就是将已经定义的图块插入到当前图形中。在当前图形中，既可插入在当前图形中创建的内部图块，也可插入用另一文件形式创建的外部图块。插入块时，我们可以根据实际需要将图块按给定的缩放系数、旋转角度插入到指定的任一位置，或分解后插入到指定的任一位置。

（1）调用方式

● 菜单栏："插入"|"块"。

● 工具栏："绘图"| 🗔。

● 命令行：输入"insert"或"ddinsert"。

（2）命令操作与选项说明

> **命令：**（输入命令）

启动命令后，将弹出图 3-16 所示的"插入"对话框。其操作如下。

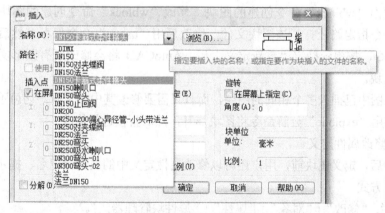

图 3-16　"插入"对话框

① 选择图块。从"插入"对话框的"名称"下拉列表中选择一个已有的图块名。如果是插入在当前图中创建的内部图块，则在该下拉列表中一定存在该图块名；如果是插入用另一文件创建的外部图块，且是第一次，应单击"浏览..."按钮，并从随后弹出的对话框中指定路径，然后单击所要的图块名称，被选中的图块名称将出现在"插入"对话框"名称"的窗口中（也可直接在"名称"的窗口中键入路径及图块名）。

② 指定插入点、缩放比例、旋转角度，如图 3-17 所示。

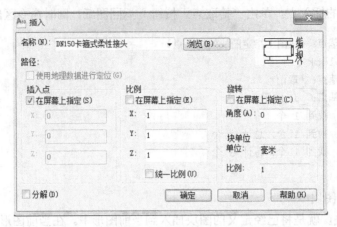

图 3-17 插入图块时比例因子正负号的应用示例

③ 在"插入"对话框中，如果打开了"在屏幕上指定"开关，表示要从图面上来指定插入点、比例、旋转角度。如果关闭它们，则表示要用对话框中的文本框来指定。

④ 在"插入"对话框中，如果打开了"分解"开关，表示图块插入后要分解成一个一个的单一对象，这样将使这张图所占磁盘空间增大。如果关闭该开关，插入后图块是一个对象，但无法对其中的某部分执行编辑命令。可先按缺省状态关闭"分解"开关，需要编辑该图块中某部分时，再使用"explode"分解命令将图块炸开。

3.1.4.3 编辑图块

（1）修改由"block"命令创建的图块 修改用"block"命令创建的图块的方法是：先修改这种图块中的任意一个，然后以同样的图块名再用"block"命令重新定义一次，重新定义后，AutoCAD 将立即修改该图形中所有已插入的同名内部图块。

（2）修改由"wblock"命令创建的图块 修改"wblock"命令创建的图块的方法是：用"open"命令指定路径打开该图块文件，修改后用"qsave"命令保存，然后再执行一次"ddinsert"命令，按提示确定"重新定义"后，AutoCAD 将会修改所有图形文件中已插入的同名外部图块。

说明：当图中已插入多个相同的图块，而且只需要修改其中一个时，切忌不要重新定义图块，此时应用"explode"分解命令将图块炸开，然后直接进行修改。

3.1.4.4 修改属性定义

定义属性后，定义图块前，用户还可以修改属性定义中的属性标记名、提示及默认值。

（1）调用方式
● 菜单栏："修改"|"对象"|"属性"|"属性块管理器…"。
● 命令行：输入"_battman"。

（2）命令操作与选项说明

命令：（输入命令）

AutoCAD 弹出"块属性管理器"对话框，如图 3-18 所示。可通过该对话框相应文本框修改属性定义的属性标记、提示和默认值。

图 3-18 "块属性管理器"对话框

从"块"下拉式菜单中选择要修改的块属性，如图 3-19 所示。

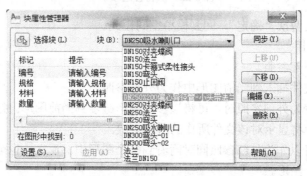

图 3-19 块编辑选择对话框

点击"编辑"，有三个选项，"属性"选项卡、"文字"选项卡和"特性"选项卡，如图 3-20～图 3-22 所示，可根据需要进行设置。

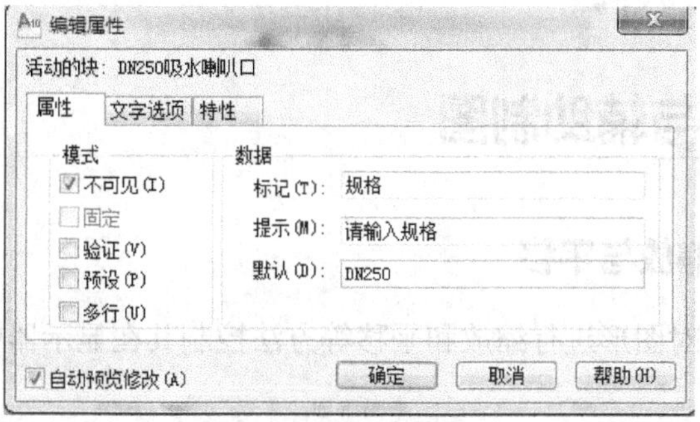

图 3-20 块属性选项卡

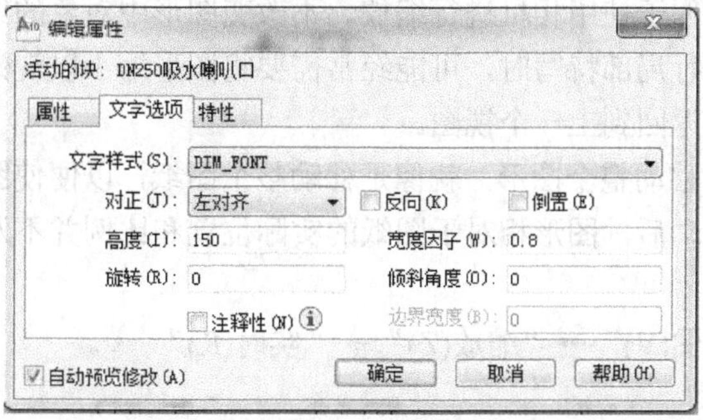

图 3-21 块文字选项卡

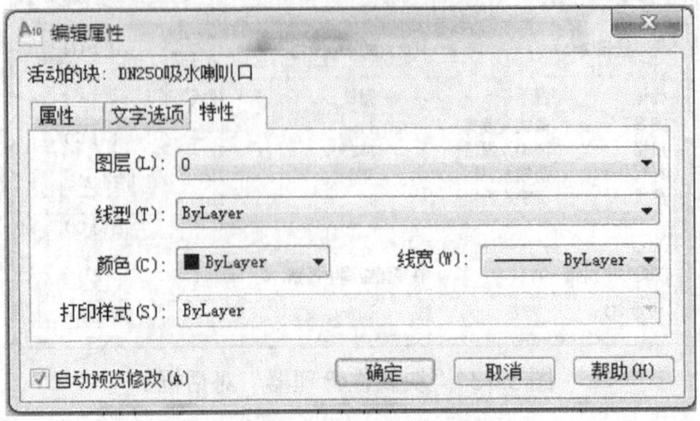

图 3-22　块特性选项卡

修改完成，点击两次"确定"，回到模型空间模式。

3.1.4.5　外部引用

外部引用又称外部参照。

以将任意图形文件插入到当前图形中作为外部参照。

将图形文件附着为外部参照时，可将该参照图形链接到当前图形。打开或重新加载参照图形时，当前图形中将显示对该文件所作的所有更改。

一个图形文件可以作为外部参照同时附着到多个图形中。反之，也可以将多个图形作为参照图形附着到单个图形。

用户可以使用若干种方法附着外部参照。

● 菜单："插入(I)" | "DWG 参照"。

● 工具栏："参照"。

● 命令行：输入"attach"。

3.2 | 显示控制与辅助制图

3.2.1　图形的缩放与平移

在设计过程中需要对图形进行缩放和平移等方法控制其在显示器中的显示，观察设计的全部或局部内容。

通过图形显示缩放只是将屏幕上的对象放大或缩小其视觉尺寸，可以通过放大和缩小操作改变视图的比例，类似于使用相机进行缩放。不改变图形中对象的绝对大小，只改变视图的比例。当在图形中进行局部特写时，可能经常需要将图形缩小以观察总体布局。使用"缩放到上一个"可以快速返回到上一个视图。

图形显示移动是指移动整个图形，就像是移动整个图纸，以便使图纸的特定部分显示在绘图窗口。执行显示移动后，图形相对于图纸的实际位置和比例并不发生变化。

（1）缩放显示

◇ 下拉菜单："视图(V)" → "缩放(Z)" → "实时(R)" 🔍 。

◇ 工具栏："标准" 🔍 。

◇ 命令行：输入"ZOOM"（或"'zoom"，用于透明使用）。

指定窗口角点，输入比例因子 (nX 或 nXP)，或者

[全部(A)/中心(C)/动态(D)/范围(E)/上一个(P)/比例(S)/窗口(W)/对象(O)]<实时>：

按 Esc 或 Enter 键退出，或单击鼠标右键显示快捷菜单。

● 显示放大镜光标后，单击并按住定点设备，并垂直拖动以放大和缩小，如图 3-23 所示。
● 要退出，请按 Enter 键或 Esc 键，或单击鼠标右键。

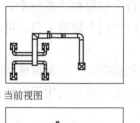
当前视图

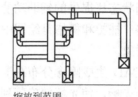
缩放到范围

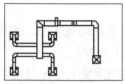
缩放到显示整个图形(全部)

图 3-23　图形缩放示意图

注意：在使用 "vpoint" 或 "dview" 命令时，或正在使用 "zoom"、"pan" 或 "view" 命令时，不能透明使用 "zoom" 命令。

（2）视图平移

◇ 下拉菜单："视图(V)" → "平移(P)" → "实时" 。
◇ 工具栏："标准" 。
◇ 命令行：输入 "PAN"（或 "'pan"，用于透明使用）。

● 显示手形光标后，单击并按住定点设备同时进行移动。
● 注意如果使用滚轮鼠标，可以按住滚轮按钮同时移动鼠标。
● 要退出，请按 Enter 键或 Esc 键，或单击鼠标右键。

（3）重新生成　从当前视口重生成整个图形。

◇ 下拉菜单："视图(V)" → "重生成(G)"。
◇ 命令行：输入 "regen"。

REGEN 在当前视口中重生成整个图形并重新计算所有对象的屏幕坐标。还重新创建图形数据库索引，从而优化显示和对象选择的性能。

（4）使用鸟瞰视图　鸟瞰视图窗口是一种浏览工具。它在一个独立的窗口中显示整个图形的视图，以便快速定位并移动到某个特定区域。鸟瞰视图窗口打开时，不需要选择菜单选项或输入命令，就可以进行缩放和平移。

执行实时缩放和实时移动操作的步骤如下。

在鸟瞰视图窗口中单击鼠标左键，则在该窗口中显示出一个平移框（即矩形框）。表明当前是平移模式。拖动该平移框，就可以便图形实时移动。

当窗口中出现平移框后。单击鼠标左键，平移框左边出现一个小箭头，此时为缩放模式。此时拖动鼠标，就可以实现图形的实时缩放，同时会改变框的大小。

在窗口中再单击鼠标左键，则又切换回平移模式。

利用上述方法，可以实现实时平移与实时缩放的切换。

打开"鸟瞰视图"窗口的方法如下。

◇ 下拉菜单："视图(V)" → "鸟瞰视图(W)"。

◇ 命令行：输入"dsviewer"。

3.2.2　辅助绘图

在绘图中，利用状态栏提供的辅助功能可以极大地提高绘图效率。

（1）捕捉、栅格　捕捉和栅格是绘图中最常用的两个辅助工具，可以结合使用，栅格是经常被捕捉的一个对象。

捕捉是指 AutoCAD 生成隐含分布在屏幕上的栅格点，当鼠标移动时，这些栅格点就像有磁性一样能够捕捉光标，使光标精确落到栅格点上。可以利用栅格捕捉功能，使光标按指定的步距精确移动。可以通过以下方法使用捕捉。

◇ 单击状态栏上的"捕捉"按钮，该按钮按下启动捕捉功能，弹起则关闭该功能。

◇ 按 F9 键。按 F9 键后，"捕捉"按钮会被按下或弹起。

在状态栏的"捕捉"按钮 捕捉 或者"栅格"按钮 栅格 上单击鼠标右键，在弹出的快捷菜单中选择"设置"命令，或选择"工具"|"草图设置"命令，弹出如图 3-24 所示的"草图设置"对话框，当前显示的是"捕捉和栅格"选项卡。在该对话框中可以进行草图设置。

栅格是在所设绘图范围内，显示出按指定行间距和列间距均匀分布的栅格点。可以通过下述方法来启动栅格功能。

◇ 单击状态栏上的"栅格"按钮，该按钮按下启动栅格功能，弹起则关闭该功能。

◇ 按 F7 键。按 F7 键后，"栅格"按钮会被按下或弹起。

栅格是按照设置的间距显示在图形区域中的点，它能提供直观的距离和位置的参照，类似于坐标纸中的方格的作用，栅格只在图形界限以内显示。栅格和捕捉这两个辅助绘图工具之间有着很多联系，尤其是两者间距的设置。有时为了方便绘图，可将栅格间距设置为与捕捉间距相同，或者使栅格间距为捕捉间距的倍数。

（2）设置正交　在状态工具栏中，单击"正交"按钮 正交，即可打开"正交"辅助工具。可以将光标限制在水平或垂直方向上移动，以便于精确地创建和修改对象。使用"正交"模式将光标限制在水平或垂直轴上。移动光标时，水平轴或垂直轴哪个离光标最近，拖引线将沿着该轴移动。在绘图和编辑过程中，可以随时打开或关闭"正交"。输入坐标或指定对象捕捉时将忽略"正交"。要临时打开或关闭"正交"，请按住临时替代键 Shift。使用临时替代键时，无法使用直接距离输入方法。打开"正交"将自动关闭极轴追踪。

（3）设置极轴追踪　使用极轴追踪，光标将按指定角度进行移动。单击状态栏上的"极轴"按钮 极轴 或按 F10 键可打开极轴追踪功能。

创建或修改对象时，可以使用"极轴追踪"以显示由指定的极轴角度所定义的临时对齐路径。使用"极轴追踪"沿对齐路径按指定距离进行捕捉。例如，在图 3-25 中绘制一条从点 1 到点 2 的两个单位的直线，然后绘制一条到点 3 的两个单位的直线，并与第一条直线成

45°角。如果打开了 45°极轴角增量，当光标跨过 0°或 45°角时，将显示对齐路径和工具栏提示。当光标从该角度移开时，对齐路径和工具栏提示消失。

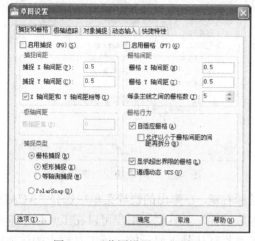

图 3-24　"草图设置"对话框

图 3-25　极轴追踪

光标移动时，如果接近极轴角，将显示对齐路径和工具栏提示。默认角度测量值为 90°。可以使用对齐路径和工具栏提示绘制对象。极轴追踪和"正交"模式不能同时打开。打开极轴追踪将关闭"正交"模式。

极轴追踪可以在"草图设置"对话框的"极轴追踪"选项卡中进行设置。在状态栏中右击"极轴"按钮 极轴，在弹出的快捷菜单中选择"设置"命令，弹出"草图设置"对话框，对话框显示"极轴追踪"选项卡，如图 3-26 所示，可以进行极轴追踪模式参数的设置，追踪线由相对于起点和端点的极轴角定义。

"极轴追踪"选项卡各选项含义如下。

① 增量角：设置极轴角度增量的模数，在绘图过程中所追踪到的极轴角度将为此模数的倍数。

② 附加角：在设置角度增量后，仍有一些角度不等于增量值的倍数。对于这些特定的角度值，用户可以单击"新建"按钮，添加新的角度，使追踪的极轴角度更加全面（最多只能添加 10 个附加角度）。

③ 绝对：极轴角度绝对测量模式。选择此模式后，系统将以当前坐标系下的 X 轴为起始轴计算出所追踪到的角度。

④ 相对上一段：极轴角度相对测量模式。选择此模式后，系统将以上一个创建的对象为起始轴计算出所追踪到的相对于此对象的角度。

（4）设置对象捕捉、对象追踪　对象捕捉是利用已经绘制的图形上的几何特征点来捕捉定位新的点，使用对象捕捉可指定对象上的精确位置。默认情况下，当光标移到对象的捕捉位置时，将显示标记和工具栏提示，即自动捕捉（Auto Snap），提供了视觉提示，指示哪些对象捕捉正在使用。

可通过 3 种方式打开对象捕捉功能。

① 右击状态栏"对象捕捉"按钮 对象捕捉，弹出快捷菜单中选择"设置"命令。

② 工具栏依次选择"工具"|"草图设置"命令，弹出"草图设置"对话框，选择"对象捕捉"选项卡（如图 3-27）。

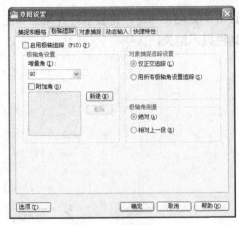 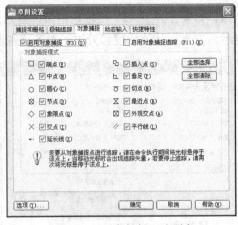

<table>
<tr><td>图 3-26 "极轴追踪"选项卡</td><td>图 3-27 "对象捕捉"选项卡</td></tr>
</table>

③ 按 F3 键。在工具栏上的空白区域单击鼠标右键，在弹出的快捷菜单中选择"ACAD" | "对象捕捉"命令，弹出如图 3-28 所示的"对象捕捉"工具栏。用户可以在工具栏中单击相应的按钮，以选择合适的对象捕捉模式。该工具栏默认是不显示的，该工具栏上的选项可以通过"草图设置"对话框进行设置。

图 3-28 "对象捕捉"工具栏

在"对象捕捉模式"选项组中，提供了 13 种捕捉模式，不同捕捉模式的意义如下。

① 端点：捕捉直线、圆弧、椭圆弧、多线、多段线的最近端点，以及捕捉填充直线、图形或三维面域最近的封闭角点。

② 中点：捕捉直线、圆弧、椭圆弧、多线、多段线线段、参照线、图形或样条曲线的中点。

③ 圆心：捕捉圆弧、圆、椭圆或椭圆弧的圆心。

④ 节点：捕捉点对象。

⑤ 象限点：捕捉圆、圆弧、椭圆或椭圆弧的象限点。象限点分别位于从圆或圆弧的圆心到 0°、90°、180°、270° 圆上的点。象限点的零度方向是由当前坐标系的 0° 方向确定的。

⑥ 交点：捕捉两个对象的交点，包括圆弧、圆、椭圆、椭圆弧、直线、多线、多段线、射线、样条曲线或参照线。

⑦ 延伸：在光标从一个对象的端点移出时，系统将显示并捕捉沿对象轨迹延伸出来的虚拟点。

⑧ 插入点：捕捉插入图形文件中的块、文本、属性及图形的插入点，即它们插入时的原点。

⑨ 垂足：捕捉直线、圆弧、圆、椭圆弧、多线、多段线、射线、图形、样条曲线或参照线上的一点，而该点与用户指定的上一点形成一条直线，此直线与用户当前选择的对象正交（垂直）。但该点不一定在对象上，而有可能在对象的延长线上。

⑩ 切点：捕捉圆弧、圆、椭圆或椭圆弧的切点。此切点与用户所指定的上一点形成一

条直线，这条直线将与用户当前所选择的圆弧、圆、椭圆或椭圆弧相切。

⑪ 最近点：捕捉对象上最近的一点，一般是端点、垂足或交点。

⑫ 外观交点：捕捉 3D 空间中两个对象的视图交点（这两个对象实际上不一定相交，但看上去相交）。在 2D 空间中，外观交点捕捉模式与交点捕捉模式是等效的。

⑬ 平行：绘制平行于另一对象的直线。首先是在指定了直线的第一点后，用光标选定一个对象（此时不用单击鼠标指定，AutoCAD 将自动帮助用户指定，并且可以选取多个对象），之后再移动光标，这时经过第一点且与选定的对象平行的方向上将出现一条参照线，这条参照线是可见的。在此方向上指定一点，那么该直线将平行于选定的对象。

在实际绘图时，可在提示输入点时指定对象捕捉。

① 按住 Shift 键并单击鼠标右键以显示"对象捕捉"快捷菜单。

② 单击"对象捕捉"工具栏上的"对象捕捉"按钮。

③ 在命令提示下输入对象捕捉的名称。

在提示输入点时指定对象捕捉后，对象捕捉只对指定的下一点有效。仅当提示输入点时，对象捕捉才生效。

3.3 二维基本图形编辑

3.3.1 对象选择

在 AutoCAD 2010 中，单纯地使用绘图命令或绘图工具只能创建出一些基本图形对象，而要绘制复杂的图形，在多数情况下要借助于"修改"菜单中的图形编辑命令。在编辑对象前，用户首先要选择对象，然后再对其进行编辑。当选中对象时，其特征点（即夹点）将显示为小方框，利用夹点可对图形进行简单编辑。此外，AutoCAD 2010 还提供了丰富的对象编辑工具，可以帮助用户合理地构造和组织图形，以保证绘图的准确性，简化绘图操作，从而极大地提高了绘图效率。

（1）选择对象的方法　在 AutoCAD 2010 中，选择对象的方法很多。例如，可以通过单击对象逐个拾取，也可利用矩形窗口或交叉窗口选择；可以选择最近创建的对象、前面的选择集或图形中的所有对象，也可以向选择集中添加对象或从中删除对象。

命令行：输入"select"。

命令：select
选择对象：指定对角点：找到 368 个

图 3-29　拾取框选择对象

选择对象：一个称为"对象选择目标框"或"拾取框"的小框将取代图形光标上的十字光标。如图 3-29 所示。

可在后续命令中自动重新选定使用此命令选定的对象。在后续命令的"选择对象"提示下，使用"上一个"选项可检索上一个选择集。

可以通过在对象周围绘制选择窗口、输入坐标或使用下列选择方法之一，分别选择具有定点设备的对象。无论提供"选择对象"提示的是哪个命令，均可以使用这些方法选择对象。

也可以按住 Ctrl 键逐个选择原始的各种形式，这些形式是复合实体的一部分或三维实体上的顶点、边和面。可以选择这些子对象的其中之一，也可以创建多个子对象的选择集。选择集可以包含多种类型的子对象。

要查看所有选项，请在命令提示下输入"?"。

> 命令：select
> 选择对象：?
> *无效选择*
> 需要点或窗口(W)/上一个(L)/窗交(C)/框(BOX)/全部(ALL)/栏选(F)/圈围(WP)/圈交(CP)/编组(G)/添加(A)/删除(R)/多个(M)/前一个(P)/放弃(U)/自动(AU)/单个(SI)/子对象(SU)/对象(O)

① 窗口（W）

> 命令：select
> 选择对象：w
> 指定第一个角点：（1）指定对角点：（2）找到 50 个（50 个重复），总计 50 个
> 选择对象：

如图 3-30 所示为窗口对象选择。

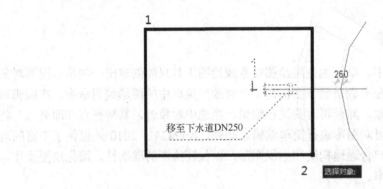

图 3-30 窗口对象选择

② 上一个（L）

> 命令：select
> 选择对象：l
> 找到 1 个

选择最近一次创建的可见对象。对象必须在当前空间（模型空间或图纸空间）中，并且一定不要将对象的图层设置为冻结或关闭状态。

③ 窗交（C）

> 命令：select
> 选择对象：c
> 指定第一个角点：（1）指定对角点：（2）找到 467 个
> 选择对象：

如图 3-31 所示为窗交对象选择。

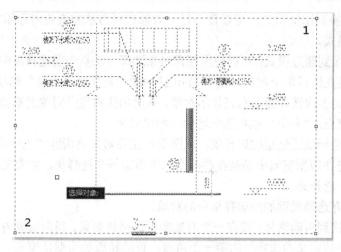

图 3-31 窗交对象选择

④ 框（BOX） 选择矩形（由两点确定）内部或与之相交的所有对象。如果矩形的点是从右至左指定的，则框选与窗交等效。否则，框选与窗选等效。

> 命令：select
> 选择对象：box
> 指定第一个角点：指定点
> 指定对角点：指定点

⑤ 全部 选择模型空间或当前布局中除冻结图层或锁定图层上的对象之外的所有对象。

⑥ 栏选（F） 选择与选择栏相交的所有对象。栏选方法与圈交方法相似，只是栏选不闭合，并且栏选可以自交。栏选不受 PICKADD 系统变量的影响。

> 第一栏选点：指定点
> 指定直线端点或 [放弃(U)]：(指定点或输入"u"放弃上一个点)

⑦ 圈围 选择多边形（通过待选对象周围的点定义）中的所有对象。该多边形可以为任意形状，但不能与自身相交或相切。将绘制多边形的最后一条线段，所以该多边形在任何时候都是闭合的。圈围不受 PICKADD 系统变量的影响。

> 第一圈围点：指定点
> 指定直线端点或 [放弃(U)]：指定点或输入"u"放弃上一个点

⑧ 圈交 选择多边形（通过在待选对象周围指定点来定义）内部或与之相交的所有对象。该多边形可以为任意形状，但不能与自身相交或相切。将绘制多边形的最后一条线段，所以该多边形在任何时候都是闭合的。圈交不受 PICKADD 系统变量的影响。

> 第一圈围点：指定点
> 指定直线端点或 [放弃(U)]：(指定点或输入"u"放弃上一个点)

⑨ 编组 选择指定组中的全部对象。

> 输入编组名：输入一个名称列表

⑩ 添加 切换到添加模式：可以使用任何对象选择方法将选定对象添加到选择集。自动和添加为默认模式。

⑪ 删除 切换到删除模式：可以使用任何对象选择方法从当前选择集中删除对象。删除模式的替换模式是在选择单个对象时按下 Shift 键，或者是使用"自动"选项。

⑫ 多个 指定多次选择而不高亮显示对象，从而加快对复杂对象的选择过程。如果两次指定相交对象的交点，"多个"也将选中这两个相交对象。

⑬ 上一个 选择最近创建的选择集。从图形中删除对象将清除"上一个"选项设置。

程序将跟踪是在模型空间中还是在图纸空间中指定每个选择集。如果在两个空间中切换将忽略"上一个"选择集。

⑭ 放弃 放弃选择最近添加到选择集中的对象。

⑮ 自动 切换到自动选择：指向一个对象即可选择该对象。指向对象内部或外部的空白区，将形成框选方法定义的选择框的第一个角点。自动和添加为默认模式。

⑯ 单选 切换到单选模式：选择指定的第一个或第一组对象而不继续提示进一步选择。

（2）使用夹点 在 AutoCAD 2010 中夹点是一种集成的编辑模式，具有非常实用的功能，它为用户提供了一种方便快捷的编辑操作途径。使用夹点可以对对象进行拉伸、移动、旋转、缩放及镜像等操作。如图 3-32 所示。

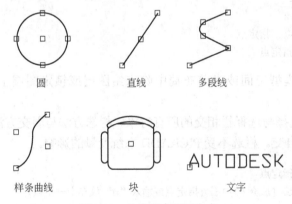

图 3-32 各类基本图形夹点

① 使用象限点夹点 对于圆和椭圆上的象限夹点，通常从圆心而不是选定夹点测量距离。例如，在"拉伸"模式中，可以选择象限夹点来拉伸圆，然后在输入新半径命令提示下指定距离。距离从圆心而不是选定的象限进行测量。如果选择圆心点拉伸圆，则圆会移动。

② 选择和修改多个夹点 可以使用多个夹点作为操作的基夹点。选择多个夹点（也称为多个热夹点选择）时，选定夹点间对象的形状将保持原样。要选择多个夹点，请按住 Shift 键，然后选择适当的夹点。

③ 限制夹点显示 可以限制夹点在选定对象上的显示。初始选择集包含的对象数目多于指定数目时，Gripobjlimit 系统变量将不显示夹点。如果将对象添加到当前选择集中，该限制则不适用。例如，如果将 Gripobjlimit 设置为"20"，则可以选择 15 个对象，然后将 25 个对象添加到选择中，这时所有的对象都显示夹点。

④ 使用夹点拉伸 可以通过将选定夹点移动到新位置来拉伸对象。文字、块参照、直线中点、圆心和点对象上的夹点将移动对象而不是拉伸它。这是移动块参照和调整标注的好方法。

⑤ 使用夹点移动 可以通过选定的夹点移动对象。选定的对象被亮显并按指定的下一点位置移动一定的方向和距离。

⑥ 使用夹点旋转 可以通过拖动和指定点位置来绕基点旋转选定对象。还可以输入角度值。这是旋转块参照的好方法。

⑦ 使用夹点缩放 可以相对于基点缩放选定对象。通过从基夹点向外拖动并指定点位置来增大对象尺寸，或通过向内拖动减小尺寸。此外，也可以为相对缩放输入一个值。

⑧ 使用夹点创建镜像 可以沿临时镜像线为选定对象创建镜像。打开"正交"有助于指定垂直或水平的镜像线。

3.3.2 图形编辑

3.3.2.1 删除、复制、镜像、偏移

（1）删除 从图形中删除对象（见图 3-33）。

◇ 下拉菜单："修改" → "删除" 。

◇ 工具栏："修改" 。

快捷菜单：选择要删除的对象，在绘图区域中单击鼠标右键，然后单击"删除"。

◇ 命令行：输入"erase"。

> 选择对象：指定对角点：找到 53 个
> 选择对象：

（2）复制 在指定方向上按指定距离复制对象（见图 3-34）。

◇ 菜单栏："修改" → "复制" 。

◇ 工具栏："修改" 。

快捷菜单：选择要删除的对象，在绘图区域中单击鼠标右键，然后单击"复制选择"。

◇ 命令行：输入"copy"。

> 选择对象：指定对角点：找到 46 个
> 选择对象：
> 当前设置：复制模式 = 多个
> 指定基点或 [位移(D)/模式(O)] <位移>：指定第二个点或 <使用第一个点作为位移>：
> 指定第二个点或 [退出(E)/放弃(U)] <退出>：

| 选定对象(窗选)　　删除后的对象 | 原对象　　复制的对象 |

图 3-33 窗选删除对象示例　　　　图 3-34 复制对象示例

选定基点后，第二点也可以用相对坐标给所复制的对象精确定位。举例如下。

> 指定第二个点或 <使用第一个点作为位移>：@1000,0

（3）镜像 创建选定对象的镜像副本（见图 3-35）。

◇ 菜单栏："修改"→"镜像"。

◇ 工具栏："镜像" ⚏ 。

◇ 命令行：输入"mirror"。

下面用 mirror 命令完成水力澄清池第一反应室的锥体。

```
命令：_mirror
选择对象：指定对角点：找到 2 个（窗选）
选择对象：找到 1 个，总计 3 个（鼠标单选）
选择对象：找到 1 个，总计 4 个
选择对象：找到 1 个，总计 5 个
选择对象：找到 1 个，总计 6 个
选择对象：
指定镜像线的第一点：_endp 于 指定镜像线的第二点：_endp 于
要删除源对象吗？[是(Y)/否(N)] <N>：
```

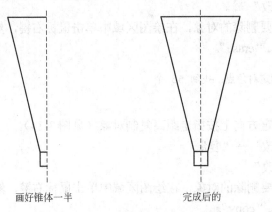

图 3-35 镜像操作示例

镜像的法线为水力澄清池第一反应室的中心线，所以端点也是此中心线的两个端点。用"end"捕捉即可。

要删除源对象吗？[是(Y)/否(N)] <N>：

选择"Y"，删除原对象，选择"N"则保留原对象，默认为"N"。

注意默认情况下，镜像文字对象时，不更改文字的方向。如果确定要反转文字，请将系统变量 MIRRTEXT 设置为"1"。

（4）偏移（平行复制） 创建同心圆、平行线和平行曲线。

◇ 菜单栏："修改"→"偏移"。

◇ 工具栏："修改" ⚏ 。

◇ 命令行：输入"offset"。

偏移命令常在给排水工程中方形池壁、圆形池池壁、双线管道、总图中管线的平面布置的绘图中使用。

以常见给排水图形为例说明（见图 3-36）。

● 方形池壁 300 厚

```
命令：_offset
当前设置：删除源=否  图层=源  OFFSETGAPTYPE=0
指定偏移距离或 [通过(T)/删除(E)/图层(L)] <通过>：300
选择要偏移的对象，或 [退出(E)/放弃(U)] <退出>：
指定要偏移的那一侧上的点，或 [退出(E)/多个(M)/放弃(U)] <退出>：
选择要偏移的对象，或 [退出(E)/放弃(U)] <退出>：
```

● 圆形池壁 300 厚

```
命令：_offset
当前设置：删除源=否  图层=源  OFFSETGAPTYPE=0
指定偏移距离或 [通过(T)/删除(E)/图层(L)] <通过>：300
选择要偏移的对象，或 [退出(E)/放弃(U)] <退出>：
指定要偏移的那一侧上的点，或 [退出(E)/多个(M)/放弃(U)] <退出>：
选择要偏移的对象，或 [退出(E)/放弃(U)] <退出>：
```

● DN300 焊接钢管

```
命令：_offset
当前设置：删除源=否  图层=源  OFFSETGAPTYPE=0
指定偏移距离或 [通过(T)/删除(E)/图层(L)] <通过>：162.5
选择要偏移的对象，或 [退出(E)/放弃(U)] <退出>：
指定要偏移的那一侧上的点，或 [退出(E)/多个(M)/放弃(U)] <退出>：
选择要偏移的对象，或 [退出(E)/放弃(U)] <退出>：
```

DN300 管子外径 325，以管道中心线为基线偏移。

● DN500 焊接给水管与 d500 排污管中心间距 2500mm

```
命令：_offset
当前设置：删除源=否  图层=源  OFFSETGAPTYPE=0
指定偏移距离或 [通过(T)/删除(E)/图层(L)] <通过>：2500
选择要偏移的对象，或 [退出(E)/放弃(U)] <退出>：
指定要偏移的那一侧上的点，或 [退出(E)/多个(M)/放弃(U)] <退出>：
选择要偏移的对象，或 [退出(E)/放弃(U)] <退出>：
```

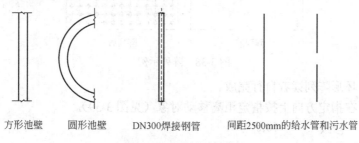

方形池壁　　圆形池壁　　　DN300焊接钢管　　间距2500mm的给水管和污水管

图 3-36　平行复制示例

3.3.2.2　阵列、移动、旋转、缩放、拉伸

（1）阵列　创建按图形中对象的多个副本。

✧ 菜单栏："修改"→"阵列"。

✧ 工具栏："修改"　。

◇ 命令行：输入 "array"。

阵列命令常在给排水工程中应用于滤池、BAF 池滤头的绘制，用矩形陈列；辐流式沉淀池中配水孔的绘制、出水槽的三角堰的绘制、澄清池环形集水槽淹没出水孔的绘制等，用环形阵列。

以某 BAF 滤池为例说明。

某 BAF 池滤 1425mm×1455mm，滤头水平方向 13 个、竖直方向 13 个，中心间距 100mm，据此用 "array" 命令布置滤头。

命令：array
选择对象：指定对角点：找到 4 个

选择矩形阵列、行数输入 "13"、列数输入 "13"、行偏移输入 "100"、列偏移输入 "100"、阵列角度输入 "0"。如图 3-37 所示。

图 3-37　阵列对话框

绘制后的滤头平面图如图 3-38 所示。

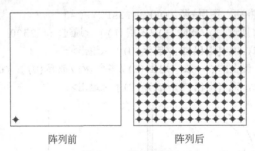

阵列前　　　　　　　阵列后

图 3-38　阵列示例

限于篇幅，环形阵列读者自行完成。

（2）移动　在指定方向上按指定距离移动对象（见图 3-39）。

◇ 菜单栏："修改" → "移动"。

◇ 工具栏："修改" ✛

◇ 命令行：输入 "move"。

命令：_move
选择对象：（窗选）指定对角点：（1）（2）找到 6 个
选择对象：

指定基点或 [位移(D)] <位移>：（3）_endp 于 指定第二个点或 <使用第一个点作为位移>：_endp 于（4）

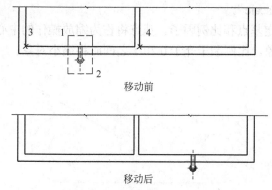

图 3-39　图形实体移动示例

（3）旋转　绕基点旋转对象（见图 3-40）。

✧ 菜单栏："修改"→"旋转"。

✧ 工具栏："修改" ⟳。

✧ 命令行：输入"rotate"。

```
命令: rotate
UCS 当前的正角方向： ANGDIR=逆时针  ANGBASE=0
选择对象：（窗选）指定对角点：（1）（2）找到 44 个
选择对象：
指定基点： _cen 于（3）
指定旋转角度，或 [复制(C)/参照(R)] <90>： 30
```

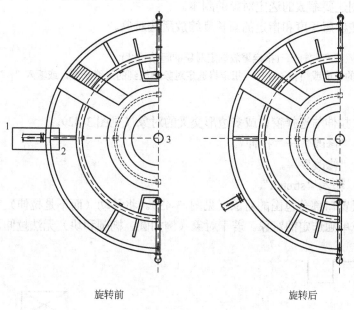

图 3-40　图形旋转示例

（4）缩放　放大或缩小选定对象，使缩放后对象的比例保持不变（见图 3-41）。

✧ 菜单栏："修改"→"缩放"。

◇ 工具栏："修改" 🔲。

快捷菜单：选择要缩放的对象，然后在绘图区域中单击鼠标右键。单击"缩放"。

◇ 命令行：输入"scale"。

要缩放对象，请指定基点和比例因子。基点将作为缩放操作的中心，并保持静止。比例因子大于 1 时将放大对象。比例因子介于 0 和 1 之间时将缩小对象。

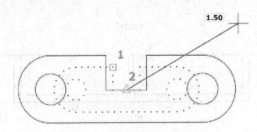

图 3-41 图形缩放示例

选择对象：(使用对象选择方法并在完成选择后按 Enter 键)
指定基点：(指定点)

指定的基点表示选定对象的大小发生改变（从而远离静止基点）时位置保持不变的点。

注意当使用具有注释性对象的"scale"命令时，相对于缩放操作的基点缩放对象的位置，但是此对象的大小没有更改。

指定比例因子或 [复制(C)/参照(R)]：(指定比例、输入"c"或输入"r")

● 比例因子 按指定的比例放大选定对象的尺寸。大于 1 的比例因子使对象放大。介于 0 和 1 之间的比例因子使对象缩小。还可以拖动光标使对象变大或变小。

● 复制 创建要缩放的选定对象的副本。

● 参照 按参照长度和指定的新长度缩放所选对象。

指定参照长度 <1>：(指定缩放选定对象的起始长度)
指定新的长度或 [点(P)]：(指定将选定对象缩放到的最终长度，或输入"p"，使用两点来定义长度)

（5）拉伸 拉伸与选择窗口或多边形交叉的对象（见图 3-42）。

◇ 菜单栏："修改"→"拉伸"。

◇ 工具栏："修改" 🔲。

◇ 命令行：输入"stretch"。

将拉伸交叉窗口部分包围的对象（见图 3-43）。将移动（而不是拉伸）完全包含在交叉窗口中的对象或单独选定的对象。若干对象（例如圆、椭圆和块）无法拉伸。

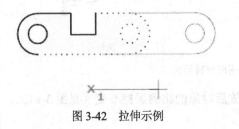

图 3-42 拉伸示例

图 3-43 拉伸对象选择

以交叉窗口或交叉多边形选择要拉伸的对象...

选择对象：(使用圈交选项或交叉对象选择方法，然后按 Enter 键。将移动而非拉伸单个选定的对象和通过窗交选择完全封闭的对象)

3.3.2.3　修剪、延伸、打断

（1）修剪　拉伸与选择窗口或多边形交叉的对象。

✧ 菜单栏："修改"→"剪切"。

✧ 工具栏："修改" -/-。

✧ 命令行：输入"trim"。

要修剪对象，请选择边界。然后按 Enter 键并选择要修剪的对象。要将所有对象用作边界，请在首次出现"选择对象"提示时按 Enter 键。

以管道三通绘制为例：

用 line offset 等方法画了如图 3-44 所示的 DN300 正三通，要求用"剪切"命令去除多余的线。

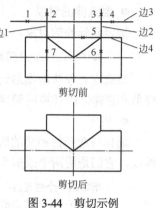

图 3-44　剪切示例

```
命令：trim
当前设置：投影=UCS，边=无
选择剪切边...
选择对象或 <全部选择>：（边 1）找到 1 个
选择对象：（边 2）找到 1 个，总计 2 个
选择对象：（边 3）找到 1 个，总计 3 个
选择对象：（边 4）找到 1 个，总计 4 个
选择对象：
选择要修剪的对象，或按住 Shift 键选择要延伸的对象，或
[栏选(F)/窗交(C)/投影(P)/边(E)/删除(R)/放弃(U)]：（1）
选择要修剪的对象，或按住 Shift 键选择要延伸的对象，或
[栏选(F)/窗交(C)/投影(P)/边(E)/删除(R)/放弃(U)]：（2）指定对角点：
选择要修剪的对象，或按住 Shift 键选择要延伸的对象，或
[栏选(F)/窗交(C)/投影(P)/边(E)/删除(R)/放弃(U)]：（3）
选择要修剪的对象，或按住 Shift 键选择要延伸的对象，或
[栏选(F)/窗交(C)/投影(P)/边(E)/删除(R)/放弃(U)]：（4）
选择要修剪的对象，或按住 Shift 键选择要延伸的对象，或
[栏选(F)/窗交(C)/投影(P)/边(E)/删除(R)/放弃(U)]：（5）
选择要修剪的对象，或按住 Shift 键选择要延伸的对象，或
[栏选(F)/窗交(C)/投影(P)/边(E)/删除(R)/放弃(U)]：（6）
选择要修剪的对象，或按住 Shift 键选择要延伸的对象，或
[栏选(F)/窗交(C)/投影(P)/边(E)/删除(R)/放弃(U)]：（7）
选择要修剪的对象，或按住 Shift 键选择要延伸的对象，或
[栏选(F)/窗交(C)/投影(P)/边(E)/删除(R)/放弃(U)]：
```

（2）延伸　拉伸与选择窗口或多边形交叉的对象（见图 3-45）。

✧ 菜单栏："修改"→"延伸"。

✧ 工具栏："修改" --/。

✧ 命令行：输入"extend"。

要延伸对象，请首先选择边界，然后按 Enter 键并选择要延伸的对象。要将所有对象用

作边界，请在首次出现"选择对象"提示时按 Enter 键。

举例如下。

> 当前设置：投影 = 当前值，边 = 当前值
> 选择边界的边...
> 选择对象或 <全部选择>：(选择一个或多个对象并按 Enter 键，或者按 Enter 键选择所有显
> 示的对象)
> 选择要延伸的对象，或按住 Shift 键选择要修剪的对象，或[栏选(F)/窗交(C)/投影(P)/边
> (E)/放弃(U)]：选择要延伸的对象，或按住 Shift 键选择要修剪的对象，或输入选项

● 边界对象选择

使用选定对象来定义对象延伸到的边界。

● 要延伸的对象

指定要延伸的对象。按 Enter 键结束命令。

> 按住 Shift 键选择要修剪的对象

将选定对象修剪到最近的边界而不是将其延伸。这是在
修剪和延伸之间切换的简便方法。

● 栏选

选择与选择栏相交的所有对象。选择栏是一系列临时直
线段，它们是用两个或多个栏选点指定的。选择栏不构成闭合环。

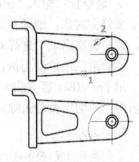

图 3-45　延伸示例

> 指定第一个栏选点：指定选择栏的起点
> 指定下一个栏选点或 [放弃(U)]：(指定选择栏的下一点或输入"u")
> 指定下一个栏选点或 [放弃(U)]：(指定选择栏的下一点，输入"u"或按 Enter 键)

● 窗交

选择矩形区域（由两点确定）内部或与之相交的对象。

> 指定第一个角点：指定点
> 指定对角点：指定源自第一点的对角上的点

注意某些要延伸的对象的窗交选择不明确。通过沿矩形窗交窗口以顺时针方向从第一点
到遇到的第一个对象，将 extend 融入选择。

● 投影

指定延伸对象时使用的投影方法（见图 3-46）。

> 输入投影选项 [无(N)/Ucs(U)/视图(V)] <当前>：(输入选项或按 Enter 键)

● 边

将对象延伸到另一个对象的隐含边，或仅延伸到三维空间中与其实际相交的对象（见
图 3-47）。

> 输入隐含边延伸模式 [延伸(E)/不延伸(N)] <当前>：(输入选项或按 Enter 键)

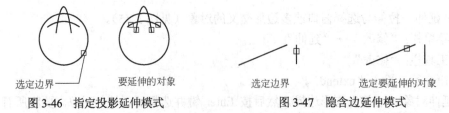

图 3-46　指定投影延伸模式　　　　图 3-47　隐含边延伸模式

（3）打断

拉伸与选择窗口或多边形交叉的对象。

◇ 菜单栏："修改"→"打断"。

◇ 工具栏："修改" ☐。

◇ 命令行：输入 "break"。

可以在对象上的两个指定点之间创建间隔，从而将对象打断为两个对象。如果这些点不在对象上，则会自动投影到该对象上。break 通常用于为块或文字创建空间。在给排水工程中常用 "break" 命令处理两相交的不同作用的管线。

以管道交叉打断为例（见图 3-48）。

　　命令：_break 选择对象：（热水管）
　　指定第二个打断点 或 [第一点(F)]：（1）

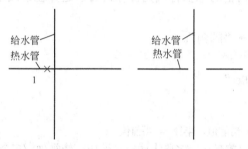

图 3-48　打断示例

3.3.2.4　倒角与圆角、分解

（1）倒角　给对象加倒角。将按用户选择对象的次序应用指定的距离和角度（见图 3-49）。

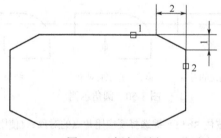

图 3-49　倒角示例

可以倒角直线、多段线、射线和构造线。

还可以倒角三维实体和曲面。如果选择网格进行倒角，则可以先将其转换为实体或曲面，然后再完成此操作。

◇ 菜单栏："修改"→"倒角"。

◇ 工具栏："修改" ◢。

◇ 命令行：输入 "chamfer"。

将显示以下提示。

　　（"修剪"模式）当前倒角距离 1 = 当前，距离 2 = 当前
　　选择第一条直线或 [放弃(U)/多段线(P)/距离(D)/角度(A)/修剪(T)/方式(E)/多个(M)]：
　　（使用对象选择方式或输入选项）

指定定义二维倒角所需的两条边中的第一条边。

> 选择第二条直线，或按住 Shift 键选择要应用角点的对象：(使用对象选择方法，或按住 Shift 键选择对象，以创建一个锐角)

如果选择直线或多段线，它们的长度将调整以适应倒角线。选择对象时，可以按住 Shift 键，以使用值 "0" 替代当前倒角距离。

如果选定对象是二维多段线的直线段，它们必须相邻或只能用一条线段分开。如果它们被另一条多段线分开，执行 "chamfer" 将删除分开它们的线段并代之以倒角。

（2）圆角　给对象加圆角。在此示例中，创建的圆弧与选定的两条直线均相切。直线被修剪到圆弧的两端。要创建一个锐角转角，请输入 "0" 作为半径。可以对圆弧、圆、椭圆、椭圆弧、直线、多段线、射线、样条曲线和构造线执行圆角操作。还可以对三维实体和曲面执行圆角操作。如果选择网格对象执行圆角操作，可以选择在继续进行操作之前将网格转换为实体或曲面。

◇ 菜单栏："修改"→"圆角"。
◇ 工具栏："修改" 。
◇ 命令行：输入 "fillet"。

将显示如下提示。

> 当前设置：模式 = 当前值，半径 = 当前值
> 选择第一个对象或 [放弃(U)/多段线(P)/半径(R)/修剪(T)/多个(M)]：（使用对象选择方法或输入选项）

选择定义二维圆角所需的两个对象中的第一个对象，或选择三维实体的边以便给其加圆角（见图 3-50）。

第一个选定的对象　　　第二个选定的对象　　　结果

图 3-50　圆角示例

> 选择第二个对象，或按住 Shift 键选择要应用角点的对象：(使用对象选择方法，或按住 Shift 键选择对象，以创建一个锐角)

如果选择直线、圆弧或多段线，它们的长度将进行调整以适应圆角弧度。选择对象时，可以按住 Shift 键，以使用值 "0"（零）替代当前圆角半径。

如果选定对象是二维多段线的两个直线段，则它们可以相邻或者被另一条线段隔开。如果它们被另一条多段线分开，执行 "fillet" 将删除分开它们的线段并代之以圆角。

给多个对象集加圆角。fillet 将重复显示主提示和 "选择第二个对象" 提示，直至用户按 Enter 键结束该命令。

（3）分解　将复合对象分解为其组件对象。在希望单独修改复合对象的部件时，可分解复合对象。可以分解的对象包括块、多段线及面域等。

◇ 菜单栏："修改"→"分解"。
◇ 工具栏："修改" 。

✧ 命令行：输入"explode"。

以水泵图块炸开为例修改泵轴线线型特征，需要把泵块炸开进行修改，如图 3-51 所示。

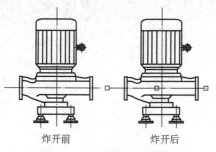

炸开前　　　　　　炸开后

图 3-51　水泵块炸开示例

第4章

图形修饰和信息查询

4.1 图形修饰

4.1.1 图案填充

在图形文件中，除了用几何对象表示实际物体外，还经常需要对图形进行填充修饰，如剖面线等来区别不同种类的材料。图案填充功能用于绘制剖面符号、表面纹理，它应用于工程图样的修饰表达。

AutoCAD 绘制剖面符号时自动计算填充边界，因此绘制填充边界时既要符合 AutoCAD 的要求，同时又要符合国家标准规定。可使用预定义填充图案填充区域、使用当前线型定义简单的线图案。如实体图案，使用实体颜色填充区域。也可创建更复杂的填充图案、创建渐变填充。渐变填充在一种颜色的不同灰度之间或两种颜色之间使用转场，提供光源反射到对象上的外观，可增强演示图形。

有三种方法可显示"边界图案填充"对话框（如图 4-1）。

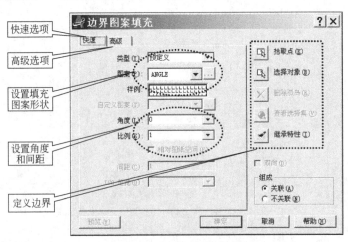

图 4-1　边界图案填充对话框

① 下拉菜单："绘图(D)" → "图案填充(H)" ▯。

② 工具栏："绘图" ▯。

③ 命令提示：输入 "hatch"。

默认情况下，程序创建的填充图案所包含的线段不能超过 10000 条。该限制由注册表中的 MaxHatch 设置。例如，要将上限重置为 50000，可在命令行提示下输入 setenv "MaxHatch" "50000"（该界限可重置为 100～10000000 之间的任意值）0。

可以通过以下 3 种方法进行选择，以指定图案填充的边界。

① 指定对象封闭的区域中的点。

② 选择封闭区域的对象。

③ 将填充图案从工具选项板或设计中心拖动到封闭区域。

填充区域的步骤（以拾取点选边界）如下。

① 在 "图案填充和渐变色" 对话框中，单击 "添加：拾取点"。

② 在图形中，在要填充的每个区域内指定一点，然后按 Enter 键。此点称为内部点。

③ 在 "图案填充和渐变色" 对话框的 "图案填充" 的样例框中，验证该样例图案是否是要使用的图案。要更改图案，请从 "图案" 列表中选择另一个图案。

④ 如果需要，在 "图案填充和渐变色" 对话框中进行调整。

⑤ 在 "绘制顺序" 下，单击某个选项。可以更改填充绘制顺序，将其绘制在填充边界的后面或前面，或者其他所有对象的后面或前面。

⑥ 单击 "确定"。

4.1.2　线型与颜色

（1）线型　通过显示图形中加载的或存储在 LIN（线型定义）文件中的线型列表，了解可以使用的线型。此程序包括线型定义文件 "acad.lin" 和 "acadiso.lin"。适用的线型文件取决于使用的是英制测量系统还是公制测量系统。

对于英制单位，使用 "acad.lin" 文件。

对于公制系统，使用 "acadiso.lin" 文件。

两个线型定义文件都包含若干个复杂线型。

如果选择了名称以 "Acad_iso" 开头的线型，打印时可以使用 "Iso 笔宽" 选项。

可以通过以下方法删除未参照的线型信息：使用 "Purge"，或者从 "线型管理器" 中删除该线型。无法删除 "Byblock"、"Bylayer" 和 "Continuous" 线型。

① 加载线型的步骤

● 依次单击 "常用" 选项卡→ "特性" 面板→ "线型" ▤。

➤ 在 "线型" 下拉列表中，单击 "其他"。然后，在 "线型管理器" 对话框中，单击 "加载"。

➤ 在 "加载或重载线型" 对话框中，选择一种线型。单击 "确定"。

➤ 如果未列出所需线型，请单击 "文件"。在 "选择线型文件" 对话框中，选择一个要列出其线型的 "Lin" 文件，然后单击该文件。此对话框将显示存储在选定 "Lin" 文件中的线型定义。选择一种线型。单击 "确定"。

可以按住 Ctrl 键来选择多个线型，或者按住 Shift 键来选择一个范围内的线型。

➤ 单击 "确定"。

● 命令条目：linetype。

② 列出当前图形中加载的线型的步骤

● 依次单击"常用"选项卡→"特性"面板→"线型" ▤ 。

➤ 单击框外部的任意位置将其关闭。

③ 列出线型定义文件中的线型的步骤

● 依次单击"常用"选项卡→"特性"面板→"线型" ▤ 。

➤ 在"线型"下拉列表中，单击"其他"。然后，在"线型管理器"对话框中，单击"加载"。

➤ 在"加载或重载线型"对话框中，单击"文件"。

➤ 在"选择线型文件"对话框中，选择一个要列出其线型的"Lin"（线型定义）文件，单击"打开"。

此对话框将显示存储在选定"Lin"文件中的线型定义。

➤ 在"加载或重载线型"对话框中，单击"取消"。

➤ 单击"取消"关闭线型管理器。

● 命令条目：linetype。

④ 卸载未使用的线型的步骤

● 依次单击"常用"选项卡→"特性"面板→"线型" ▤ 。

➤ 在"线型"下拉列表中，单击"其他"。然后，在"线型管理器"对话框中，选择一种线型。单击"删除"。

将卸载选定的线型。无法卸载某些线型："Bylayer"、"Byblock"、"Continuous"以及所有正在使用的线型。

● 命令条目：linetype。

⑤ 清理未使用的线型的步骤

● 依次单击"工具"选项卡→"图形实用工具"面板→"清理" ▯ 。

"清理"对话框显示带有可清理项目的对象类型的树状图。

➤ 要清理未参照的线型，请使用以下方法之一。

要清理所有未参照的线型，请选择"线型"。

要清理特定线型，请双击"线型"展开树状图。然后选择要清理的线型。

如果要清理的项目没有列出，请选择"查看不能清理的项目"。

➤ 系统将提示用户确认列表中的每个项目。如果不想确认每个清理项目，请清除"确认要清理的每个项目"选项。

要确认是否清理每个项目，请选择"是"、"否"或"全部"（如果选定了多个项目）响应计算机的提示。

➤ 单击"清理"。

➤ 单击"关闭"。

● 命令条目：purge。

⑥ 控制线宽　线宽是指定给图形对象以及某些类型的文字的宽度值。

使用线宽，可以用粗线和细线清楚地表现出截面的剖切方式、标高的深度、尺寸线和刻度线，以及细节上的不同。例如，通过为不同的图层指定不同的线宽，可以轻松区分新建构造、现有构造和被破坏的构造。除非选择了状态栏上的"显示／隐藏线宽"按钮，否则将不显示线宽。

TrueType 字体、光栅图像、点和实体填充（二维实体）无法显示线宽。宽多段线仅在平面视图外部显示时才显示线宽。可以将图形输出到其他应用程序，也可以将对象剪切到剪贴板并保留线宽信息。

在模型空间中，线宽以像素为单位显示，并且在缩放时不发生变化。因此，在模型空间中精确表示对象的宽度时不应该使用线宽。例如，如果要绘制一个实际宽度为 0.5 英寸的对象，不能使用线宽，而应用宽度为 0.5 英寸的多段线表示对象。

也可以使用自定义线宽值打印图形中的对象。使用打印样式表编辑器调整固定线宽值，以使用新值打印。

具有线宽的对象将以指定线宽值的精确宽度打印。这些值的标准设置包括"Bylayer"、"Byblock"和"默认"。它们可以以英寸或毫米为单位显示，默认单位为毫米。所有图层初始设置为 0.25mm，由 Lwdefault 系统变量控制。

如果线宽值为 0.025mm 或小于 0.025mm，在模型空间将显示为 1 个像素，并将以指定打印设备允许的最细宽度打印。在命令提示下输入的线宽值将舍入到最接近的预定义值。

线宽单位和默认值在"线宽设置"对话框中设置。可以通过以下方法访问"线宽设置"对话框：使用"lweight"命令；在状态栏的"显示 / 隐藏线宽"按钮上单击鼠标右键，然后选择"设置"；或者在"选项"对话框的"用户系统配置"选项卡上选择"线宽设置"。

可以通过以下方法更改对象的线宽：对象的线宽重新指定给其他图层、更改对象所在图层的线宽，或者为对象明确指定线宽。

可以通过以下三种方案更改对象的线宽。

将对象重新指定给具有不同线宽的其他图层。如果将对象的线宽设置为"Bylayer"，并将该对象重新指定给其他图层，则该对象将采用新图层的线宽。

更改指定给该对象所在图层的线宽。如果将对象的线宽设置为"Bylayer"，则该对象将采用其所在图层的线宽。如果更改了指定给图层的线宽，则该图层上指定了"Bylayer"线宽的所有对象都将自动更新。

为对象指定一种线宽以替代图层的线宽。可以明确指定每个对象的线宽。如果要用其他线宽来替代对象由图层决定的线宽，请将现有对象的线宽从"Bylayer"改为特定的线宽。

如果要为随后创建的所有对象设置特定的线宽，请将"特性"工具栏上的当前线宽设置从"Bylayer"改为特定的线宽。

（2）颜色

① 概述　可以使用颜色帮助用户直观地标识对象。可以随图层指定对象的颜色，也可以不依赖图层明确指定对象的颜色。

可以随图层指定对象的颜色，也可以不依赖图层明确指定对象的颜色。随图层指定颜色可以使用户轻松识别图形中的每个图层。明确指定颜色会使同一图层的对象之间产生其他差别。颜色也可以用作为颜色相关打印指示线宽的方法。

为对象指定颜色时，可以使用多种调色板，包括以下几种。

AutoCAD 颜色索引（ACI）；

真彩色®、PANTONE®；

RAL™ Classic 和 RAL Design 配色系统；

DIC® 色彩指南；

已输入的配色系统中的颜色。

- ACI 颜色　ACI 颜色是 AutoCAD 中使用的标准颜色。每种颜色均通过 ACI 编号（1～255 的整数）标识。标准颜色名称仅用于颜色 1～7。颜色指定如下：1 红、2 黄、3 绿、4 青、5 蓝、6 洋红、7 白/黑。
- 真彩色　真彩色使用 24 位颜色定义显示 1600 多万种颜色。指定真彩色时，可以使用 RGB 或 HSL 颜色模式。通过 RGB 颜色模式，可以指定颜色的红、绿、蓝组合；通过 HSL 颜色模式，可以指定颜色的色调、饱和度和亮度要素。
- 配色系统　此程序包括几个标准 Pantone 配色系统。也可以输入其他配色系统，例如 DIC 色彩指南或 RAL 颜色集。输入用户定义的配色系统可以进一步扩充可以使用的颜色选择。

注意 Pantone 为 Architectural & Interiors Cotton 和 Architectural & Interiors Paper 配色系统提供了新的颜色定义。如果用户曾在 AutoCAD 2006 以前的版本中使用过这些配色系统，则会发现这些颜色发生了细微的变化。

通过使用“选项”对话框中的“文件”选项卡，可以在系统中安装配色系统。加载配色系统后，可以从配色系统中选择颜色，并将其应用到图形中的对象。

所有对象都使用当前颜色创建，该颜色显示在“特性”工具栏上的“颜色”控件中。也可以使用“颜色”控件或“选择颜色”对话框设置当前颜色。

如果将当前颜色设置为“Bylayer”，则将使用指定给当前图层的颜色来创建对象。如果不希望当前颜色成为指定给当前图层的颜色，则可以指定其他颜色。

如果将当前颜色设置为“Byblock”，则将对象编组到块中之前，将使用 7 号颜色（白色或黑色）来创建对象。将块插入到图形中时，该块将采用当前颜色设置。

② 为所有新对象设置 ACI 颜色的步骤

- 依次单击“常用”选项卡→“特性”面板→“对象颜色” 🌐。
- ➢ 在“对象颜色”下拉列表中，单击一种颜色用它绘制所有新对象，也可以单击“选择颜色”以显示“选择颜色”对话框，然后执行以下操作之一。

在“索引颜色”选项卡上，单击一种颜色或在“颜色”框中输入颜色名或颜色编号。

在“索引颜色”选项卡上，单击“Bylayer”以用指定给当前图层的颜色绘制新对象。

在“索引颜色”选项卡上，单击“Byblock”以在将对象编组到块中之前，用当前的颜色绘制新对象。在图形中插入块时，块中的对象将采用当前的颜色设置。

- ➢ 单击“确定”。

“颜色控制”显示当前的颜色。

- 命令条目：color。

③ 为所有新对象设置真彩色的步骤

- 依次单击“常用”选项卡→“特性”面板→“对象颜色” 🌐。
- ➢ 在“对象颜色”下拉列表中。单击“选择颜色”以显示“选择颜色”对话框。
- ➢ 在“选择颜色”对话框中的“真彩色”选项卡上，执行以下操作之一。

在“颜色模式”框中选择“HSL”颜色模式。通过以下方法指定颜色：在“颜色”框中输入颜色值，或在“色调”、“饱和度”和“亮度”框中指定值。

在“颜色模式”框中选择“RGB”颜色模式。在“颜色”框中输入颜色值或在“红”、“绿”和“蓝”框中指定值来指定颜色。

➢ 单击"确定"。

"颜色控制"显示当前的颜色。

● 命令条目：color。

④ 从配色系统中为所有新对象设置颜色的步骤

● 依次单击"常用"选项卡→"特性"面板→"对象颜色" ●。

➢ 在"对象颜色"下拉列表中，单击"选择颜色"。

➢ 在"选择颜色"对话框的"配色系统"选项卡上，从"配色系统"框中选择一种配色系统。

➢ 通过单击色卡选择颜色。要浏览配色系统，请使用颜色滑块上的上箭头键和下箭头键。

➢ 单击"确定"。

"颜色控制"显示当前的颜色。

● 命令条目：color。

4.1.3　特性修改

可以使用"特性"选项板或"快捷特性"选项板更改图形中的对象特性。

（1）对象特性概述　绘制的每个对象都具有特性。某些特性是基本特性，适用于大多数对象，例如图层、颜色、线型和打印样式。有些特性是特定于某个对象的特性，例如，圆的特性包括半径和面积，直线的特性包括长度和角度。

大多数基本特性可以通过图层指定给对象，也可以直接指定给对象。

如果将特性设置为值"Bylayer"，则将为对象指定与其所在图层相同的值。

例如，如果将在图层 0 上绘制的直线的颜色指定为"Bylayer"，并将图层 0 的颜色指定为"红"，则该直线的颜色将为红色。

如果将特性设置为一个特定值，则该值将替代为图层设置的值。

例如，如果将在图层 0 上绘制的直线的颜色指定为"蓝"，并将图层 0 的颜色指定为"红"，则该直线的颜色将为蓝色。

（2）显示和更改对象特性　可以在图形中显示和更改任何对象的当前特性。

可以通过以下方式在图形中显示和更改任何对象的当前特性。

打开"快捷特性"选项板以查看和更改对象的选定特性的设置。

打开"特性"选项板，然后查看和更改对象的所有特性的设置。

查看和更改"图层"工具栏上的"图层"控件以及"特性"工具栏上的"颜色"、"线型"、"线宽"和"打印样式"控件中的设置。

使用"list"命令在文字窗口中查看信息。

使用"id"命令显示坐标位置。

① 使用"快捷特性"选项板　"快捷特性"选项板列出了每种对象类型或一组对象最常用的特性。可以在自定义用户界面（CUI）编辑器中为任意对象轻松自定义快捷特性。请参见《自定义手册》中的快捷特性。

选定一个或多个同一类型的对象时，"快捷特性"选项板将显示该对象类型的选定特性。

选定两个或两个以上不同类型的对象时，"快捷特性"选项板将显示选择集中所有对象的共有特性（如果存在）。

将 Qpmode 系统变量设置为"1"时，可以选择任意对象以显示"快捷特性"选项板。如果将 Qpmode 系统变量设置为 "2"，则只有在自定义用户界面（CUI）编辑器中将选定对象定义为显示特性时，才会显示 "快捷特性" 选项板。可以使用 Qplocation 系统变量通过光标或浮动模式显示 "快捷特性" 选项板。也可以使用 "草图设置" 对话框控制 "快捷特性" 选项板的显示设置。

② 使用 "特性" 选项板　"特性" 选项板列出了选定对象或一组对象的特性的当前设置。可以修改任何可以通过指定新值进行修改的特性。

选中多个对象时，"特性" 选项板只显示选择集中所有对象的共有特性。

如果未选中对象，"特性" 选项板只显示当前图层的常规特性、附着到图层的打印样式表的名称、视图特性以及有关 UCS 的信息。

将 Dblclkedit 系统变量设置为 "开"（默认设置）时，可以双击大部分对象以打开 "特性" 选项板。块和属性、图案填充、渐变填充、文字、多线以及外部参照除外。如果双击这些对象中的任何一个，将显示特定于该对象的对话框而非 "特性" 选项板。

注意：要使用双击操作，必须将 Dblclkedit 系统变量设置为 "开"，将 Pickfirst 系统变量设置为 "1"（默认设置）。

③ 将 "对象特性" 或 "Byblock" 设置更改为 "Bylayer"　使用 "setbylayer" 命令，可以将选定对象的指定特性更改为 "Bylayer"。也可以将具有 "Byblock" 设置的对象更改为 "Bylayer"。如果对象的特性未设置为 "Bylayer"，则此类对象将不显示由视口设置的图层特性替代。

在 "SetByLayer 设置" 对话框中，可以指定要更改为 "Bylayer" 的对象特性设置。

使用 "setbylayer" 命令后，SetByLayerMode 系统变量将存储要更改的特性设置。

4.2 图形信息查询

4.2.1 数据查询

在图形绘制过程中有时需要通过图形数据库查询图形的相关信息。AutoCAD 创建的图形文件是一个图形数据库，它包含图形的数据信息，如图形对象的几何特性、显示特性等。创建图形对象可以看成是构建图形数据库的过程，而反过来也需要查询、提取图形数据库中已有的数据信息，为进一步的图形创建工作或者其他目的服务。

（1）点坐标查询

① 功能　该命令可查询点的绝对坐标。

② 命令调用方式

● 菜单栏："工具" | "查询" | "点坐标"。

● 工具栏："查询" | 〖x,y,z〗。

● 命令行：输入 "id"。

③ 命令操作与选项说明

```
命令：（输入命令）
指定点：（指定要查询的点）
指定点： X = 95    Y = 46    Z = 0
命令：
```

查询结果为指定点的绝对坐标为（95,46,0）。

④ 注意与提示

✧ 一般点坐标查询都是通过对象捕捉来确定要查询的点。

✧ 因为工程图中更多地关心相对尺寸，所以绝对坐标的参考意义不大。

（2）距离查询

① 功能　该命令可查询 2D 或 3D 空间两点之间的距离、两点的连线在 XY 面上的投影与 X 轴正方向的夹角、这两点的连线与 XY 平面的夹角和这两点在 X、Y、Z 方向的增量（即坐标差）。

② 命令调用方式

● 菜单栏："工具" | "查询" | "距离"。

● 工具栏："查询" |▭。

● 命令行：输入 "dist"。

③ 命令操作与选项说明　以查询点（100，200）与点（300，300）之间的距离为例。

```
命令：（输入命令）
指定第一点：100,200 ↙
指定第二点：300,300 ↙
距离 = 224，XY 平面中的倾角 = 27，与 XY 平面的夹角 = 0
X 增量 = 200，Y 增量 = 100，Z 增量 = 0
命令：
```

上面的结果说明：点（100，200）与点（300，300）之间的距离为 224，这两点的连线在 XY 面上的投影与 X 轴正方向的夹角为 27°，这两点的连线与 XY 平面的夹角为 0°，这两点在 X、Y、Z 方向的增量（即坐标差）分别为 200、100 和 0。

④ 注意与提示

● 两点的坐标一般是通过对象捕捉来确定。

● 指定两点的顺序不同，其查询结果的某些内容也会不同。

（3）面积查询

① 功能　该命令可求出以若干点为顶点所构成的多边形区域或由指定对象所围成区域的面积与周长，还可以进行面积的加、减运算。

② 命令调用方式

● 菜单栏："工具" | "查询" | "面积"。

● 工具栏："查询" |▤。

● 命令行：输入 "area"。

③ 命令操作与选项说明　以查询图 4-2 所示的多边形面积和周长为例。

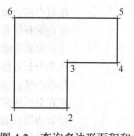

```
命令：（输入命令）
指定第一个角点或 [对象(O)/加(A)/减(S)]：(指定第"1"个角点)
指定下一个角点或按 ENTER 键全选：(指定第"2"个角点)
指定下一个角点或按 ENTER 键全选：(指定第"3"个角点)
指定下一个角点或按 ENTER 键全选：(指定第"4"个角点)
指定下一个角点或按 ENTER 键全选：(指定第"5"个角点)
```

图 4-2　查询多边形面积和周长

指定下一个角点或按 ENTER 键全选：（指定第"6"个角点）

指定下一个角点或按 Enter 键全选：↙

面积 = 1716，周长 = 192

命令：

查询结果为该多边形的面积为 1716，周长为 192。

其他选项说明如下。

对象（O）：指定封闭的对象来计算它所围区域的面积和周长。

加（A）：选择两个以上的对象，将其面积相加。

减（S）：选择两个以上的对象，将其面积相减。

4.2.2 其他内容查询

（1）时间 从菜单栏上点击"工具"|"查询"|"时间"，或者键入"time"命令，可以显示当前时间和当前图形的各项时间统计（如创建时间、上次更新时间、累计编辑时间等）

（2）列表 从菜单栏上点击"工具"|"查询"|"列表显示"，或者键入"list（li）"命令，根据提示选中对象，则可显示所选择对象的属性和基本信息。所选择的对象类型不同，列表显示的信息类型也不同。

（3）状态 从菜单栏上点击"工具"|"查询"|"状态"，或者键入"status"命令，则可显示出与本图形文件相关的所有基本信息。这些信息对用户从全局把握图形文件所处的状态非常有用。

4.3 给水排水工程修饰与信息查询实例

4.3.1 给水排水工程图案填充实例

以水力澄清池某一剖面进行填充修饰为例，我们继续下面的工作，给这个图进行图案填充。

① 新建"图案填充"层，颜色"8"号，其他默认。置当前层为"图案填充"层。

② 在工具栏点击 图标。出现图案填充和渐变色对话框。

③ 点击图案选项"…"，出现如图 4-3 所示对话框。

④ 选择 ANSI 。

选择 ，"确定"，退出"填充图案选项板"。设置比例为"25"，然后后点击 添加:拾取点

拾取内部点或 [选择对象(S)/删除边界(B)]： 正在选择所有对象…

正在选择所有可见对象…

正在分析所选数据…

正在分析内部孤岛…

拾取内部点或 [选择对象(S)/删除边界(B)]：

正在分析内部孤岛…

拾取内部点或 [选择对象(S)/删除边界(B)]：

正在分析内部孤岛…

拾取内部点或 [选择对象(S)/删除边界(B)]：

正在分析内部孤岛...

拾取内部点或 [选择对象(S)/删除边界(B)]：

拾取或按 Esc 键返回到对话框或 <单击右键接受图案填充>：

用上述方法完成另一半图案填充。

但是，刚才的填充按"给水排水制图标准"是砖的符号，AutoCAD 没有钢筋混凝土的符号，再一次使用"_bhatch"命令，添加碎石。如图 4-4 所示。

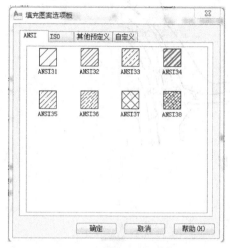

图 4-3 填充图案选项板

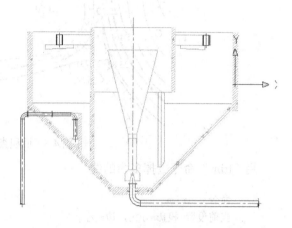

图 4-4 澄清池图案填充示例

4.3.2 给水排水工程图层、线型和颜色控制

给排水工程图层一般按构筑物、设备、管道、管道附件、阀门、中心线、尺寸标注、文字注释、图案填充等来控制图层。

建构筑物轮廓线、管道等用粗实线，管道中心线、圆形池的中心线用点划线，土建条件图、设备、阀门等用细实线，不可见的用虚实线等。

构建筑物的线型颜色要淡，管道等的颜色应亮。

当然这些设置都应遵循相关标准的要求。具体设置在此不再赘述。

4.3.3 给水排水工程实体信息查询实例

南方某市一垃圾填埋场拟作垃圾渗滤液处理，已获得地形图。在填埋场垃圾渗滤液排放的附近有一废弃的池塘，想利用这废弃的池塘稍作处理后做一垃圾液收集池，池塘又不规则，利用 AutoCAD 查询池塘上口的面积。

下面讲述怎么样用 AutoCAD 查询实体的方法测出池塘上口的面积。利用画圆弧方法在池塘出口作圆弧辅助线，用捕捉方式选取点。如图 4-5 所示。

```
命令：arc
指定圆弧的起点或 [圆心(C)]：_int 于(1)
指定圆弧的第二个点或 [圆心(C)/端点(E)]：_int 于(2)
指定圆弧的端点：_int 于(3)
池塘已经"封好口"
```

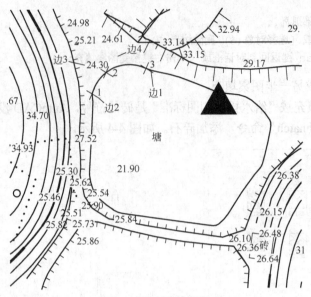

图 4-5　面积查询示例

用"trim"命令去掉多余的线。

命令：trim
当前设置：投影=UCS，边=无
选择剪切边...
选择对象或 <全部选择>：找到 1 个（边1）
选择对象：找到 1 个，总计 2 个（边2）
选择对象：
选择要修剪的对象，或按住 Shift 键选择要延伸的对象，或
[栏选(F)/窗交(C)/投影(P)/边(E)/删除(R)/放弃(U)]：
选择要修剪的对象，或按住 Shift 键选择要延伸的对象，或（边3、边4）
[栏选(F)/窗交(C)/投影(P)/边(E)/删除(R)/放弃(U)]：
选择要修剪的对象，或按住 Shift 键选择要延伸的对象，或
[栏选(F)/窗交(C)/投影(P)/边(E)/删除(R)/放弃(U)]：

用"pedit"命令将之作一面域。

命令：pedit
选择多段线或 [多条(M)]：m
选择对象：找到 1 个（线1）
选择对象：找到 1 个，总计 2 个（线2）
选择对象：找到 1 个，总计 3 个（线3）
选择对象：找到 1 个，总计 4 个（线4）
选择对象：
是否将直线、圆弧和样条曲线转换为多段线？[是(Y)/否(N)]？ <Y> y
输入选项 [闭合(C)/打开(O)/合并(J)/宽度(W)/拟合(F)/样条曲线(S)/非曲线化(D)/线型
生成(L)/反转(R)/放弃(U)]：j
合并类型 = 延伸
输入模糊距离或 [合并类型(J)] <0.0000>：
多段线已增加 15 条线段

输入选项 [闭合(C)/打开(O)/合并(J)/宽度(W)/拟合(F)/样条曲线(S)/非曲线化(D)/线型
生成(L)/反转(R)/放弃(U)]：

用 area 命令查询此面域的面积。

命令：area
指定第一个角点或 [对象(O)/增加面积(A)/减少面积(S)] <对象(O)>：o
选择对象：
面积 = 1100.2849，周长 = 123.9005

第**5**章

文字标注与尺寸标注

5.1 文字标注

使用 AutoCAD 绘制工程图，除了熟练掌握绘图、编辑的知识和技能外，还应熟练掌握尺寸标注的知识和技能。一般的图形都有一些文字标注或解释设计的对象或设计的要求等。

5.1.1 创建文字样式

① "格式" → "文字样式"，出现"文字样式"对话框，如图 5-1 所示。

图 5-1　文字样式对话框

② 点击"新建"按钮，出现"新建文字样式"对话框，按"确定"按钮，回到"文字样式"对话框，将样式 1 置为当前，如图 5-2 所示。

③ 单击字体名下拉式列表，选择带有"*.shx"的字体，且选择"使用大字体"复选框，如图 5-3 所示。在大字体下拉列表选择字体"gbcbig.shx"。可根据需要设定宽度因子和倾斜角度等（如宽度因子 0.75，倾斜角度 15）。一般在此不设定文字高度，避免整个图形文字高度不变。

图 5-2　新建文字样式对话框

单击"应用",关闭对话框。

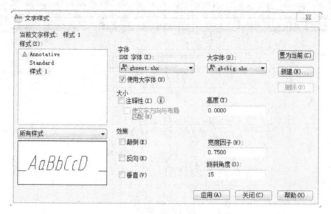

图 5-3 使用大字体复选框

5.1.2 创建文字标注样式

创建文字标注的样式有单行文字、多行文字、注释性文字。

（1）单行文字 依次单击"常用"选项卡|"注释"面板|"单行文字"。在命令提示下，输入"dtext"。

指定第一个字符的插入点。如果按 Enter 键，程序将紧接着最后创建的文字对象（如果存在）定位新的文字。

指定文字高度。此提示只有文字高度在当前文字样式中设置为"0"时才显示。

一条拖引线从文字插入点附着到光标上。单击以将文字的高度设置为拖引线的长度。

指定文字旋转角度。

可以输入角度值或使用定点设备。

输入文字。在每一行结尾按 Enter 键。按照需要输入更多文字。

注意将以适当的大小在水平方向显示文字，以便用户可以轻松地阅读和编辑文字；否则，文字将难以阅读（如果文字很小、很大或被旋转）。

如果在此命令中指定了另一个点，光标将移到该点上，可以继续键入。每次按 Enter 键或指定点时，都会创建新的文字对象。

在空行处按 Enter 键将结束命令。

```
命令: dtext
当前文字样式: "样式 1" 文字高度: 2.5000 注释性: 否
指定文字的起点或 [对正(J)/样式(S)]:
指定高度 <2.5000>: 100
指定文字的旋转角度 <0>:
```

本图尺寸以 mm 计，标高以 m 计。

（2）多行文字 可以使用在位文字编辑器的列选项和列夹点创建和编辑多个列。

可以在"多行文字"功能区上下文选项卡或在位文字编辑器中创建和编辑多个列，也可以在夹点编辑模式下进行创建和编辑。使用夹点编辑列可使用户在进行编辑的同时灵活地查看所作的更改。图 5-4 所示为多行文字输入对话框。

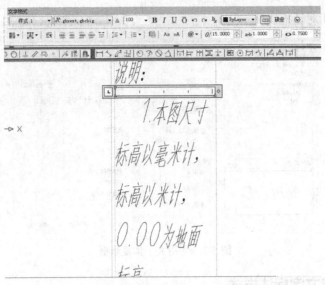

图 5-4 多行文字输入对话框

列遵循以下规则。所有列的宽度和栏间距相等。栏间距指列与列之间的空间。列的高度将保持不变，除非添加的文字超出列的容纳范围，或者手动移动编辑夹点以调整列高。

① 在位文字编辑器中编辑列　使用"多行文字"功能区上下文选项卡或在位文字编辑器对列进行操作时，列将位于一个框内。如果打开"不透明"背景，背景将覆盖每一列，只保留栏间距空间为空白。应用标尺栏时，将适用于所有列，但是标尺仅在列被选定为当前状态时活动。

说明：本图尺寸标高以毫米计，标高以米计，0.00 为地面标高。

② 向列中添加任意高度的文字不会增加列高（即使文字已填充列）。

文字将溢出到另一列。也可以插入一个列打断，以强制文字开始溢出到下一列。每次插入列打断时，都假设当前列的高度为固定值。要删除打断，可以将其亮显并删除，也可以在打断后立即使用退格键。

③ 在"特性"选项板中编辑列（图 5-5）。

图 5-5 文字格式特性编辑

（3）注释性文字　创建注释性文字，可以在"文字样式"对话框选择"注释性"复选框。当键入"dtext"命令时会出现"选择注释比例"。如图 5-6 所示。

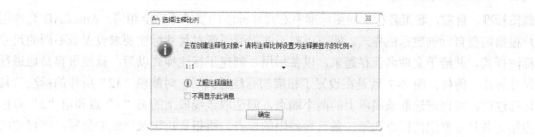

图 5-6 创建注释性文字

命令：dtext
当前文字样式："样式 1" 文字高度：100.0000 注释性：是
指定文字的起点或 [对正(J)/样式(S)]：
指定图纸高度 <100.0000>：
指定文字的旋转角度 <0>：
命令：

引线可包含多行文字作为内容。默认情况下，创建引线样式时可插入文字。可以在引线注释中应用和修改文字样式、颜色、高度和对齐方式。也可通过在当前引线样式中指定基线间隙偏移多行文字对象。

可以创建内容为文字的注释性多重引线。文字内容将根据指定的比例图示进行缩放。根据指定的比例图示，文字内容的宽度、对正、附着和旋转设置将有所不同。比例图示无法更改实际文字内容。

有若干选项可用于将多行文字作为内容放置在引线对象中。

使用直线创建引线的步骤如下。

依次单击"常用"选项卡|"注释"面板|"多重引线"。

在命令提示下，输入"mleader"。

在命令提示下，输入"o"以选择选项。

输入"l"可指定引线。

输入"t"可指定引线类型。

输入"s"以指定直线引线。

在图形中，单击引线头的起点。

单击引线的端点。

输入多行文字内容。

在"文字格式"工具栏上单击"确定"。

5.2 尺寸标注

5.2.1 基本概念

（1）尺寸的组成　一个完整的尺寸标注通常由尺寸线、尺寸界线、尺寸起止符号和尺寸文本四要素组成。如图 5-7 所示。

（2）尺寸标注样式　工程图中尺寸的标注必须符合相应的

图 5-7 尺寸的组成

制图标准。目前，我国各行业制图标准中对尺寸标注的要求不完全相同。AutoCAD允许用户根据需要自行创建标注样式，即可以把不同类型图纸对尺寸标注要求设置成不同的尺寸标注样式，并给予文件名保存起来，以备后用。创建了标注样式以后，就能很容易地进行尺寸标注。例如，图5-7就是在设置了相应的标注样式后，对线段"12"所作的标注，具体标注时，可通过选取该线段上的两个端点，即选取该线段上的第"1"点和第"2"点作为第一条尺寸界限的原点和第二条尺寸界限的原点，再指定决定尺寸线的位置，即可完成该线段的尺寸标注。

（3）尺寸标注的整体性和关联性

① 整体性　缺省情况下，一个尺寸标注是一个整体，即只能对其进行整体处理（如整体移动、旋转和删除等），而不能单独选择某一部分进行处理。实际上，AutoCAD将构成尺寸的四要素作为块来处理。

尺寸的整体性由系统变量Dimaso控制。Dimaso=ON（缺省值），则标出的尺寸具有整体性；Dimaso=OFF，则标出的尺寸不具有整体性，即各组成元素彼此无关。

② 关联性　标注尺寸时，AutoCAD将自动测量标注对象的大小，并将测量结果自动形成尺寸文本。当用有关编辑命令修改标注的对象时，尺寸文本将随之发生变化。具有这种特性的尺寸标注称为关联尺寸。

如果一个尺寸标注不具有整体性，则它也不具有关联性，即当用有关编辑命令修改标注的对象时，尺寸文本将不随之发生变化。具有这种特性的尺寸标注称为不关联尺寸。

注意：具有整体性的一个尺寸标注，可用分解命令将其分解为不具有整体性。

（4）尺寸标注的类型　AutoCAD将尺寸标注分为线性尺寸（包括水平尺寸标注、垂直尺寸标注）、对齐尺寸、基线尺寸、连续尺寸、半径尺寸、直径尺寸、角度尺寸、坐标尺寸、圆心标记、快速引线等类型，如图5-8所示。

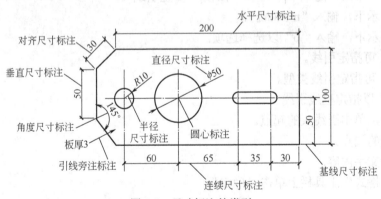

图5-8　尺寸标注的类型

（5）尺寸标注的规则　尺寸标注必须符合国家标准和行业的规范和要求，一般规则如下。

① 当图形中的尺寸以毫米为单位时，则不需要标注计量单位。否则，必须注明所采用的单位代号或名称，如cm（厘米）、m（米）、"°"（度）等。

② 图形的真实大小应以图上所标注的尺寸数据为依据，与所画图形的大小及画图的准确性无关。

③ 图形中每一部分的尺寸支应标注一次，并且应标在最能反映其形体特征的视图上。

④ 在同一图形中，用一类尺寸箭头、尺寸数字大小应该相同。

⑤ 尺寸文本中的字体必须按照国家标准规定进行书写，即汉字必须使用长仿宋体，宽高比为 0.71，数字使用阿拉伯数字或罗马数字，字母使用希腊字母或拉丁字母。各种字体的字高可从 20、14、10、7、5、3.5 等规格中选取。

（6）Auto CAD 尺寸标注的方法　用户应按照一定的步骤来使用 AutoCAD 进行专业图样的尺寸标注，以保证能更好地完成标注工作。一般步骤如下。

① 了解专业图样尺寸标注的有关规定。

② 建立尺寸标注所需的文字样式、标注样式。

③ 建立一个新的图层，专门用于标注尺寸，以便于区分和修改。

④ 通过对话框来设置尺寸标注样式，如尺寸线、尺寸界限、尺寸文本、尺寸单位、尺寸精度等。

⑤ 保存或输出用户所作的设置，以提高作图效率。

⑥ 使用尺寸标注命令时，结合对象捕捉功能等辅助绘图工具能正确地进行尺寸标注。

⑦ 检查所标注尺寸，对个别不符合要求的尺寸进行修改和编辑。

需要注意的是，尺寸标注命令可自动测量所标注图形的尺寸并加以标注，所以，用户在绘图时应尽量准确，这样才能减少修改尺寸文本所花费时间，加快绘图速度。

5.2.2　标注样式管理器

为了符合专业制图标准的规定和用户的要求，尺寸标注前应先设置尺寸标注样式。AutoCAD 中，"标注样式管理器"对话框创建标注样式是最直观、最简捷的方法。

"标注样式管理器"对话框的调用方法有以下 4 种。

① 菜单栏："标注" | "样式"。

② 菜单栏："格式" | "标注样式"。

③ 工具栏："标注" | ⊷。

④ 命令行：输入 "dimstyle"。

5.2.3　线性尺寸标注命令

（1）功能　该命令主要用来标注水平、垂直的线性尺寸，也可以标注倾斜的线性尺寸。

（2）调用方式

◆ 菜单栏："标注" | "线性"。

◆ 工具栏："标注" | ⊢⊣。

◆ 命令行：输入 "dimlinear（dli）"。

（3）命令操作与选项说明

① 通过捕捉两个点的具体位置进行线性标注

> **命令：**（输入命令）
> **指定第一条尺寸界线原点或 <选择对象>：**（用对象捕捉第一条尺寸界线起点）
> **指定第二条尺寸界线原点：**（用对象捕捉第二条尺寸界线起点）
> **指定尺寸线位置或[多行文字(M)/文字(T)/角度(A)/水平(H)/垂直(V)/旋转(R)]：**（通过移动光标指定尺寸线位置或选项）

若直接指定尺寸线位置，AutoCAD 将按测定的尺寸数字完成标注，效果如图 5-9（a）

所示。

若需要可进行选项，上提示行各选项含义如下。

多行文字（M）：用多行文字编辑器指定特殊的尺寸数字，如图 5-9（b）所示。

文字（T）：用单行文字方式重新指定尺寸数字。

角度（A）：指定尺寸数字的旋转角度，如图 5-9（c）所示。

水平（H）：指定尺寸线呈水平标注（实际可直接拖动）。

垂直（V）：指定尺寸线呈铅垂标注（实际可直接拖动）。

旋转（R）：指定尺寸线与水平线所夹角度。

选择选项后，AutoCAD 会再一次提示要求给出尺寸线位置，指定后，将完成标注。

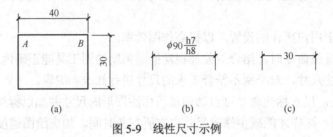

图 5-9 线性尺寸示例

② 通过选择对象进行线性标注

命令：（输入命令）

指定第一条尺寸界线原点或 <选择对象>：✓

选择标注对象：［如选择图 5-9（a）中 AB 直线］

指定尺寸线位置或[多行文字(M)/文字(T)/角度(A)/水平(H)/垂直(V)/旋转(R)]：（通过移动光标指定尺寸线位置或选项）

若直接指定尺寸线位置，AutoCAD 将自动测定所选择对象的长度，并按测定的尺寸数字完成标注，效果如图 5-9（a）中 *AB* 直线的标注所示。

若需要，可进行选项，上提示行各选项含义与通过捕捉两个点的具体位置进行线性标注同类选项相同。

（4）注意与提示

✧ 第二种标注方法只适应于有一个具体对象的情况，对于没有对象连接的两个特殊点间的距离标注只能采用第一种方法进行线性标注。

✧ 该命令不但可以标注水平和垂直方向对象的尺寸，还可以标注倾斜方向对象的尺寸[已知倾斜角度，通过选择"旋转（R）"选项来进行]。但它一般用来标注水平和垂直方向对象的尺寸，对于倾斜的对象，一般使用下面要介绍的"对齐"命令进行标注。

✧ 在进行尺寸标注时，应打开对象捕捉和极轴追踪，这样可准确、快速地进行尺寸标注。

5.2.4 对齐尺寸标注命令

（1）功能 该命令主要用来标注倾斜对象的线性尺寸，它能自动将尺寸线调整为与所标注线段平行。它也可标注水平和垂直方向的线性尺寸。

（2）调用方式

◆ 菜单栏："标注" | "对齐"

◆ 工具栏："标注" | ⌐。

◆ 命令行：输入"dimaligned（dal）"。

（3）命令操作与选项说明

① 通过捕捉两个点的具体位置进行线性标注

命令：（输入命令）

指定第一条尺寸界线原点或 <选择对象>：(用对象捕捉第一条尺寸界线起点)

指定第二条尺寸界线原点： (用对象捕捉第二条尺寸界线起点)

指定尺寸线位置或[多行文字(M)/文字(T)/角度(A)]：（指定尺寸线位置或选项）

若直接指定尺寸线位置，AutoCAD 将按测定的尺寸数字完成标注，效果如图 5-10 所示。

若需要，可进行选项，各选项含义与线性尺寸标注方式的同类选项相同。

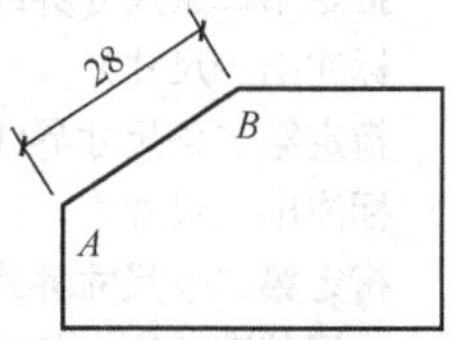

② 通过选择对象进行线性标注

命令：（输入命令）

指定第一条尺寸界线原点或 <选择对象>：↙

选择标注对象：（如选择图 5-10 中 AB 直线）

图 5-10 对齐尺寸标注线性尺寸示例

指定尺寸线位置或[多行文字(M)/文字(T)/角度(A)]：（通过移动光标指定尺寸线位置或选项）

若直接指定尺寸线位置，AutoCAD 将自动测定所选择对象的长度，并按测定的尺寸数字完成标注，效果如图 5-10 所示。

若需要，可进行选项，上提示行各选项含义与通过捕捉两个点的具体位置进行线性标注的同类选项相同。

（4）注意与提示

✧ 第二种标注方法只适应于有一个具体对象的情况，对于没有对象连接的两个特殊点间的距离标注只能采用第一种方法进行对齐标注。

5.2.5 基线尺寸标注命令

（1）功能 该命令主要用来标注具有同一起点的若干个相互平行的尺寸。如图 5-11 上方标注的尺寸所示。

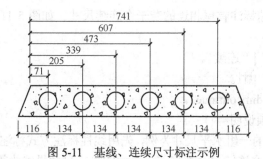

图 5-11 基线、连续尺寸标注示例

（2）调用方式

◆ 菜单栏："标注" | "基线"。

◆ 工具栏："标注" | ⊢⊣。

◆ 命令行：输入"dimbaseline（dba）"。

（3）命令操作与选项说明　以图 5-11 上部所示的一组水平尺寸为例，先用线性标注方式标注一个基准尺寸，然后再标注其他基线尺寸，每一个基线尺寸都将以基准尺寸第一条尺寸界线为第一尺寸界线进行尺寸标注。其操作过程如下。

> 命令：（输入命令）
> 指定第二条尺寸界线原点或 [放弃 (U) /选择 (S)] <选择>：（捕捉从左往右第 2 个圆的圆心，标注出一尺寸）
> 指定第二条尺寸界线原点或 [放弃 (U) /选择 (S)] <选择>：（捕捉从左往右第 3 个圆的圆心，标注出一尺寸）
> 指定第二条尺寸界线原点或 [放弃 (U) /选择 (S)] <选择>：（捕捉从左往右第 4 个圆的圆心，标注出一尺寸）
> 指定第二条尺寸界线原点或 [放弃 (U) /选择 (S)] <选择>：（捕捉从左往右第 5 个圆的圆心，标注出一尺寸）
> 指定第二条尺寸界线原点或 [放弃 (U) /选择 (S)] <选择>：（捕捉从左往右第 6 个圆的圆心，标注出一尺寸）
> 指定第二条尺寸界线原点或 [放弃 (U) /选择 (S)] <选择>：（按回车键结束该基线标注）
> 选择基准标注：（可再选择一个基准尺寸进行基线尺寸标注或按回车键结束基线标注命令）

上述操作中其他选项说明如下。

放弃（U）选项：可撤销前一个基线尺寸。

选择（S）选项：可重新指定基线尺寸第一尺寸界线的位置。

（4）注意与提示

◇ 在使用基线尺寸命令之前，应先使用"线性"、"对齐"或"角度尺寸"命令标注第一段尺寸。

◇ 在标注角度尺寸时，也可使用"基线尺寸标注"命令来标注具有同一起点的多个角度标注尺寸。

◇ 各基线尺寸间距离是在标注样式中确定的，在此不能调整。

◇ 所注基线尺寸数值只能使用 AutoCAD 内测值，不能更改。

5.2.6　连续尺寸标注命令

（1）功能

该命令主要用来快速标注首尾相连的若干个连续尺寸。如图 5-11 下方标注的尺寸所示。

（2）调用方式

◆ 菜单栏："标注" | "连续"。

◆ 工具栏："标注" |⊢⊢⊣。

◆ 命令行：输入"dimcontinue"。

（3）命令操作与选项说明

以图 5-11 下部所示的一组水平尺寸为例，先用线性标注方式标注一个基准尺寸，然后再进行连续尺寸标注，每一个连续尺寸都将前一尺寸的第二尺寸界线为第一尺寸界线进行标注。其操作过程如下。

> 命令：（输入命令）
> 指定第二条尺寸界线原点或 [放弃 (U) /选择 (S)] <选择>：（捕捉从左往右第 2 个圆的圆心，

标注出一尺寸）

指定第二条尺寸界线原点或 [放弃(U)/选择(S)] <选择>：（捕捉从左往右第 3 个圆的圆心，标注出一尺寸）

指定第二条尺寸界线原点或 [放弃(U)/选择(S)] <选择>：（捕捉从左往右第 4 个圆的圆心，标注出一尺寸）

指定第二条尺寸界线原点或 [放弃(U)/选择(S)] <选择>：（捕捉从左往右第 5 个圆的圆心，标注出一尺寸）

指定第二条尺寸界线原点或 [放弃(U)/选择(S)] <选择>：（捕捉从左往右第 6 个圆的圆心，标注出一尺寸）

指定第二条尺寸界线原点或 [放弃(U)/选择(S)] <选择>：（按回车键结束该基线标注）

选择基准标注：（可再选择一个基准尺寸进行基线尺寸标注或按回车键结束基线标注命令）

上述提示中，"放弃（U）"选项和"选择（S）"选项的含义与"基线尺寸标注"命令同类选项相同。

（4）注意与提示

✧ 在使用"连续尺寸"命令之前，应先使用"线性"、"对齐"或"角度尺寸"命令标注第一段尺寸。

✧ 在标注角度尺寸时，也可使用"连续尺寸标注"命令来标注连续的多个角度标注尺寸。

✧ 所注连续尺寸数值只能使用 AutoCAD 内测值，不能更改。

5.2.7 半径尺寸标注命令

（1）功能　该命令用来标注圆及圆弧的半径。如图 5-12 所示。

（2）调用方式

◆ 菜单栏："标注" | "半径"。

◆ 工具栏："标注" | ⊙ 。

◆ 命令行：输入"dimradius（dra）"。

（3）命令操作与选项说明

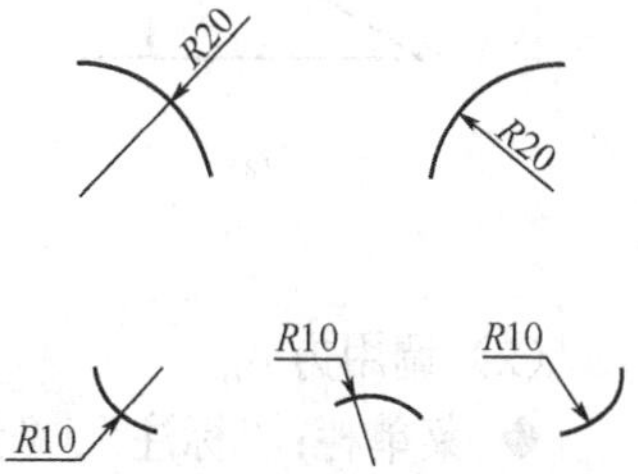

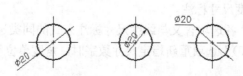

图 5-12　半径尺寸标注示例

命令：（输入命令）
选择圆弧或圆：（用直接点取方式选择需标注的圆弧或圆）
指定尺寸线位置或 [多行文字(M)/文字(T)/角度(A)]：（拖动确定尺寸线位置或选项）

若直接给出尺寸线位置，AutoCAD 将按测定尺寸数字加上半径符号"R"完成半径尺寸标注。

若需要，可进行选项，各选项含义与线性尺寸标注方式的同类选项相同，但用"多行文字（M）"选项或"文字（T）"选项重新指定尺寸数字时，半径符号 R 需与尺寸数字一起输入。

5.2.8 直径尺寸标注命令

（1）功能　该命令用来标注圆及圆弧的直径。如图 5-13 所示。

图 5-13　直径尺寸标注示例

（2）调用方式

◆ 菜单栏："标注" | "直径"。

◆ 工具栏："标注" | 🔍。

◆ 命令行：输入 "dimdiameter（ddi）"。

（3）命令操作与选项说明

命令： (输入命令)

选择圆弧或圆： (用直接点取方式选择需标注的圆弧或圆)

指定尺寸线位置或 [多行文字(M) /文字(T) /角度(A)]： (拖动确定尺寸线位置或选项)

若直接给出尺寸线位置，AutoCAD 将按测定尺寸数字加上直径符号"ϕ"完成半径尺寸标注。

若需要，可进行选项，各选项含义与线性尺寸标注方式的同类选项相同，但用"多行文字（M）"选项或"文字（T）"选项重新指定尺寸数字时，直径符号ϕ需与尺寸数字一起输入。

5.2.9　角度尺寸标注命令

（1）功能　该命令用来标注角度尺寸。将"角度"标注样式设为当前标注样式，操作该命令可标注两非平行线间、圆弧及圆上两点间的角度，如图 5-14 所示。

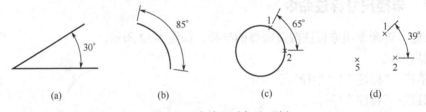

图 5-14　角度尺寸标注示例

（2）调用方式

◆ 菜单栏："标注" | "角度"。

◆ 工具栏："标注" | △。

◆ 命令行：输入 "dimangular"。

（3）命令操作与选项说明

① 在两直线间标注角度尺寸

命令： (输入命令)

选择圆弧、圆、直线或<指定顶点>： (直接选取第一条直线)

选择第二条直线： (直接选取第二条直线)

指定标注弧线位置或[多行文字(M) / 文字(T) / 角度(A)]： (拖动定尺寸线位置或选项)

效果如图 5-14（a）所示。若直接指定尺寸线位置，AutoCAD 将按测定尺寸数字加上角度单位符号"°"，完成角度尺寸标注。

若需要，可进行选项，各选项含义与线性尺寸标注方式的同类选项相同，但用"多行文字（M）"选项或"文字（T）"选项重新指定尺寸数字时，角度单位符号"°"需与尺寸数字一起输入。

② 对整段圆弧标注角度尺寸

> **命令：**(输入命令)
> **选择圆弧、圆、直线或<指定顶点>：**(选择圆弧上任意一点)
> **指定标注弧线位置或[多行文字(M) / 文字(T) / 角度(A)]：**(拖动定尺寸线位置或选项)

若直接指定尺寸线位置，将按测定尺寸数字完成尺寸标注，效果如图 5-14（b）所示。
若需要，可进行选项。

③ 对圆上某部分标注角度尺寸

> **命令：**(输入命令)
> **选择圆弧、圆、直线或<指定顶点>：**(选择圆上"1"点)
> **指定角的第二端点：**(选择圆上"2"点)
> **指定标注弧线位置或[多行文字、(M) / 文字(T) / 角度(A)]：**(拖动定尺寸线位置或选项)

若直接指定尺寸线位置，将按测定尺寸数字完成角度尺寸标注，效果如图 5-14（c）
所示。

若需要，可进行选项。

④ 三点形式的角度标注

> **命令：**(输入命令)
> **选择圆弧、圆、直线或<指定顶点>：**(直接按回车键)
> **指定角顶点：**(指定角顶点"S")
> **指定角的第一个端点：**(指定端点"1")
> **指定角的第二个端点：**(指定端点"2")
> **指定标注弧线位置或[多行文字(M) / 文字(T) / 角度(A)]：**(拖动确定尺寸线位置或选项)

若直接指定尺寸线位置，将按测定尺寸数字完成角度尺寸标注，效果如图 5-14（d）
所示。

若需要，可进行选项。

5.2.10　坐标尺寸标注命令

（1）功能

该命令用来标注图形中特征点的 X、Y 坐标，如图 5-15 所示。因为 AutoCAD 使用世界
坐标系或当前用户坐标系的 X 和 Y 坐标轴，所以标注坐标尺寸时，应使图形的（0，0）基准
点与坐标系的原点重合，否则应重新输入坐标值。

（2）调用方式

◆ 菜单栏："标注" | "坐标"。

◆ 工具栏："标注" | 。

◆ 命令行：输入"dimordinate"。

（3）命令操作与选项说明

> **命令：**(输入命令)
> **指定点坐标：**(选择引线的起点)
> **指定引线端点或[X 坐标(X) / Y 坐标(Y) / 多行文字(M) / 文字(T) / 角度(A)]：**(指定引线终
> 点或选项)

若直接指定引线终点，AutoCAD 将按测定坐标值标注引线起点的 X 或 Y 坐标，完成尺寸标注。若需改变坐标值，可选 "T" 或 "M" 选项，给出新坐标值，再指定引线终点即完成标注。

（4）注意与提示

✧ 坐标标注中尺寸数字的位置由当前标注样式决定。

5.2.11 圆心标记命令

（1）功能　该命令用来绘制圆、圆弧和椭圆的圆心标记。圆心标记有 3 种形式：无标记、中心线、十字标记，其形式应首先在标注样式中设定。图 5-16 所示是在各圆的圆心上绘制十字标记示例。

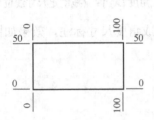

图 5-15　坐标尺寸标注示例

图 5-16　圆心标记示例

（2）调用方式

◆ 菜单栏："标注" | "圆心标记"。

◆ 工具栏："标注" | ⊕。

◆ 命令行：输入 "dimcenter（dce）"。

（3）命令操作与选项说明

　　　　命令：(输入命令)
　　　　选择圆弧或圆：(直接点取一圆或圆弧)

选择后即完成操作。

5.2.12 快速引线尺寸标注命令

（1）功能　快速标注引线尺寸命令使引线与说明的文字一起标注。其引线可有箭头，也可无箭头；可是直线，也可是样条曲线；可指定文字的位置；文字可以使用多行文字编辑器输入，并能标注带指引线的形位公差。图 5-17 所示的是用直线、箭头所示的快速引线标注。

（2）调用方式

◆ 菜单栏："标注" | "引线"。

◆ 工具栏："标注" | ⌒A。

◆ 命令行：输入 "qleader（le）"。

（3）命令操作与选项说明

　　　　命令：(输入命令)
　　　　指定第一条引线点或[设置(S)] <设置>：S↙

弹出"引线设置"对话框，如图 5-18 所示。

在该对话框"注释"选项卡中设置引线注释类型，指定"多行文字"选项，并指明是否需要重复使用注释，如图 5-18 所示。

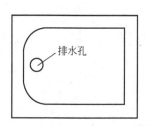

图 5-17　快速引线标注示例

图 5-18　"注释"选项卡

在该对话框"引线和箭头"选项卡中设置引线与箭头的形式，如图 5-19 所示。

在该对话框"附着"选项卡中设置引线和多行文字注释的附着位置。只有在"注释"选项卡中选定"多行文字"时，此选项卡才可用。一般选择最下面的复选项（最后一行加下划线），如图 5-20 所示。

图 5-19　"引线和箭头"选项卡

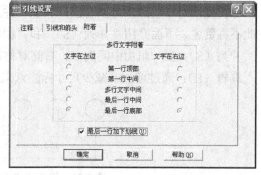

图 5-20　"附着"选项卡

设置完成后，单击"确定"按钮，命令区继续提示如下。

指定第一条引线点或[设置(S)] <设置>：(在绘图区指定引线起点)
指定下一点：(指定引线第 2 点)
指定下一点：(指定引线第 3 点)
指定文字宽度<0.00>：(指定多行文字的宽度)
输入注释文字的第一行<多行文字(M) >：(直接输入文字，或按回车键，弹出多行文字编辑器，输入多行文字)

若直接输入文字，按回车键后将继续提示"输入注释文字的第二行<多行文字(M) >："；若按回车键，弹出多行文字编辑器，输入多行文字，确定后命令结束。

（4）注意与提示

◇ 引线标注中箭头大小由当前标注样式控制，文字字高、字型、字体位置均由多行文字编辑器控制。

5.2.13 快速标注命令

（1）功能　快速标注命令是用更简捷的方法来标注线性尺寸、坐标尺寸、半径尺寸、直径尺寸、连续尺寸等的标注尺寸的方式。

（2）调用方式

◆ 菜单栏："标注"｜"快速标注"。

◆ 工具栏："标注"｜↦。

◆ 命令行：输入"qdim"。

（3）命令操作与选项说明

> **命令：** (输入命令)
> **选择要标注的几何图形：** (选择一条直线或圆或圆弧)
> **选择要标注的几何图形：** (再选择一条线或按回车键结束选择)
> **指定尺寸线位置或 [连续 (C) / 并列 (S) / 基线 (B) / 坐标 (O) / 半径 (R) / 直径 (D) / 基准点 (P) / 编辑 (E)] ＜连续＞：** (拖动指定尺寸线位置或选项)

若直接指定尺寸线位置，确定后将按缺省设置"连续"方式标注尺寸并结束命令；若进行选项，选项后(并给出相应提示后)将重复上一行的提示，然后再指定尺寸线位置，AutoCAD将按所选方式标注尺寸并结束命令。

分析提示行中各选项可以看出，除了"并列（S）"和"编辑（E）"选项之外都已介绍，在此不再赘述。下面介绍"并列（S）"和"编辑（E）"两个选项。

并列（S）：指一组由中间向左、右侧对称标注且尺寸文本相互错开的尺寸（如图 5-21）。

编辑（E）：通过增加或减少尺寸标注点来标注一系列尺寸。

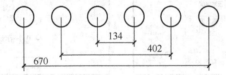

图 5-21　快速标注"并列"选项标注示例

5.2.14 编辑尺寸命令

（1）功能　该命令用来修改尺寸数字的大小，旋转尺寸数字，使尺寸界线倾斜。

（2）调用方式

◆ 工具栏："标注"｜A。

◆ 命令行：输入"dimedit"。

（3）命令操作与选项说明

> **命令：** (输入命令)
> **输入编辑标注类型 [缺省 (H) / 新建 (N) / 旋转 (R) / 倾斜 (O)]＜缺省＞：** (选项)

各选项含义及操作如下。

①"缺省"选项　"缺省"选项是缺省项。该选项将所选尺寸标注回退到未编辑前的状况。其操作如下。

命令： (输入命令)

输入编辑标注类型 [缺省 (H) ／新建 (N) ／旋转 (R) ／倾斜 (O)]<缺省>： ↙

选择对象： (选择需回退的尺寸)

选择对象： (可继续选择，也可按回车键结束命令)

②"新建"选项 "新建"选项将新键入的文字加入到尺寸标注中。其操作如下。

命令： (输入命令)

输入编辑标注类型 [缺省 (H) ／新建 (N) ／旋转 (R) ／倾斜 (O)]<缺省>： N ↙ [出现"多行文字编辑器"，可在其文本框中删去原有内容（即文本框中的"<>"），键入新的文字]

选择对象： (选择需更新的尺寸)

选择对象： (可继续选择，也可按回车键结束命令)

③"旋转"选项 "旋转"选项将所选尺寸数字以指定的角度旋转，如图 5-22 所示。其操作如下。

命令： (输入命令)

输入编辑标注类型 [缺省 (H) ／新建 (N) ／旋转 (R) ／倾斜 (O)]<缺省>： R↙

指定标注文字的角度： (输入尺寸数字的旋转角度)

选择对象： (选择尺寸数字需旋转的尺寸)

选择对象： (可继续选择，也可按回车键结束命令)

④"倾斜"选项 "倾斜"选项将所选取尺寸界线以指定的角度倾斜，如图 5-23 所示。

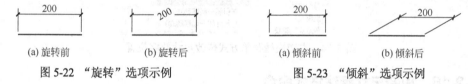

(a) 旋转前　　(b) 旋转后　　　　　(a) 倾斜前　　(b) 倾斜后

图 5-22 "旋转"选项示例　　　　　图 5-23 "倾斜"选项示例

其操作如下。

命令： (输入命令)

输入编辑标注类型 [缺省 (H) ／新建 (N) ／旋转 (R) ／倾斜 (O)]<缺省>： O↙

选择对象： (选择需倾斜的尺寸)

选择对象： (可继续选择，也可按回车键结束选择)

输入倾斜角度 (按 ENTER 表示无)： (输入倾斜角)

命令：

5.2.15 编辑尺寸数字位置命令

（1）功能 该命令专门用来编辑尺寸数字的放置位置。当标注的尺寸数字的位置不合适时，不必修改或更换标注样式，用此命令就可方便地移动尺寸数字到所需的位置。"dimtedit"命令是标注尺寸中常用的编辑命令。

（2）调用方式

◆ 菜单栏："标注"|"对齐文字"|下级菜单。

◆ 工具栏："标注"| 。

◆ 命令行：输入"dimtedit"。

（3）命令操作与选项说明

> 命令：（输入命令）
> 选择标注：（选择需要编辑的尺寸）
> 指定标注文字的新位置或[左(L)／右(R)／中心(C)／默认(H)／角度(A)]：（此时，可动态拖动所选尺寸进行修改，也可选项进行编辑）

各选项含义如下。

"L"选项：将尺寸数字移到尺寸线左边。

"R"选项：将尺寸数字移到尺寸线右边。

"C"选项：将尺寸数字移到尺寸线正中。

"H"选项：回退到编辑前的尺寸标注状态。

"A"选项：将尺寸数字旋转指定的角度。

除了采用上述方法以外，还可用右键快捷菜单方式修改尺寸数字位置。其操作过程是：首先点选对象，然后单击鼠标右键，调出右键快捷菜单，选中"标注文字位置"，从弹出的下一级菜单中进行选择，如图5-24所示。在尺寸数字位置放置不合适时，通常采用右键快捷菜单方式更改尺寸数字位置更方便、更快捷。

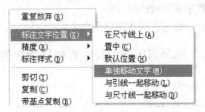

图5-24　右键快捷菜单方式修改尺寸数字位置

5.2.16　更新尺寸标注样式命令

（1）功能　该命令可方便地修改已有尺寸的标注样式与当前标注样式相一致。

（2）调用方式

◆ 菜单栏："标注"｜"更新"。

◆ 工具栏："标注"｜ 。

◆ 命令行：输入"dimupdate"。

（3）命令的操作

> 命令：（输入命令）
> 输入尺寸样式选项[保存(S)／恢复(R)／状态(ST)／变量(V)／应用(A)]：A✓
> 选择对象：（选择要更新为当前标注样式的尺寸）
> 选择对象：（继续选择或按回车键结束命令）

（4）注意与提示

✧ 使用该命令之前，应先设置一种新的尺寸标注样式，并将其置为当前样式，然后再执行该命令。

✧ 如果修改当前样式，图形中用当前样式已标注的尺寸会立即被更新。

5.2.17　用"特性"命令修改尺寸

用"特性"命名调出"特性"对话框，可全方位地修改一个尺寸。该命令不仅能修改所选尺寸的颜色、图层、线型，还可修改尺寸数字的内容，并能重新编辑尺寸数字、重新选择尺寸样式、修改尺寸样式内容，操作方法同前所述。

5.3　给水排水工程实体标注

5.3.1　建筑给水排水工程尺寸标注

① 按给排水专业制图要求设置尺寸标注格式。

②"格式"|"标注样式"|"标注样式管理器"。如图 5-25 所示。

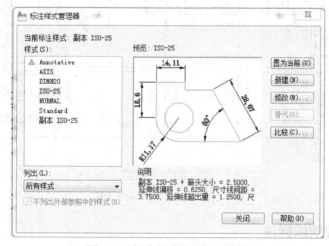

图 5-25　标准样式管理器对话框

③ 单击"ISO-25"，单击"新建"命令，出现如图 5-26 对话框样式里新建"副本 ISO-25"。

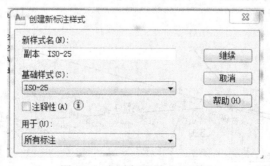

图 5-26　新建标准样式对话框

④ 单击"继续"按钮，出现"新建标注"对话框，对线、符号和箭头、主单位进行修改。

尺寸标注格式设定好后即可开始图形的尺寸标注。图 5-27 是一建筑给排水的标注图。

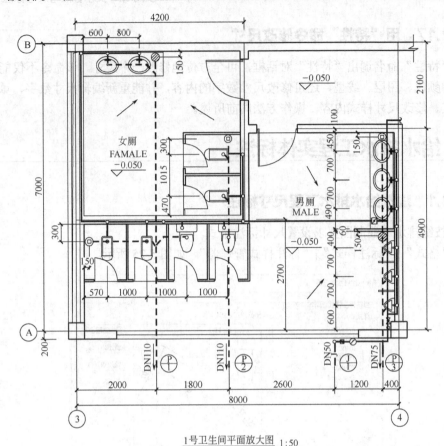

1号卫生间平面放大图 1:50

图 5-27　卫生间平面详图示例

5.3.2　市政管线标注

市政管线的标注与建筑给排水的标注有很明显的不同，主要是采用文字标注的方式。下面以某城市取水管线（局部）为例说明市政管线标注的方法。

（1）市政给水管道平面标注　平面图上一般要表示节点号、节点的坐标，管径等。如图 5-28 所示。

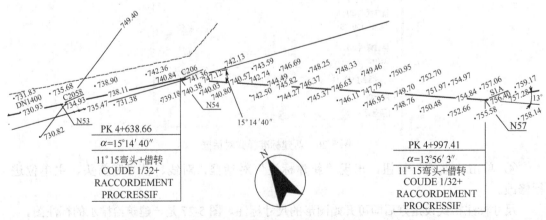

图 5-28　给水管道平面标注示意图

（2）给水管道纵断面图　给水纵断面图上一般表示节点号、水平角度、管径、管材及管道累积长度、里程、水平距离、管底埋深、管底高程、地面高程、水压线等，如图 5-29 所示。

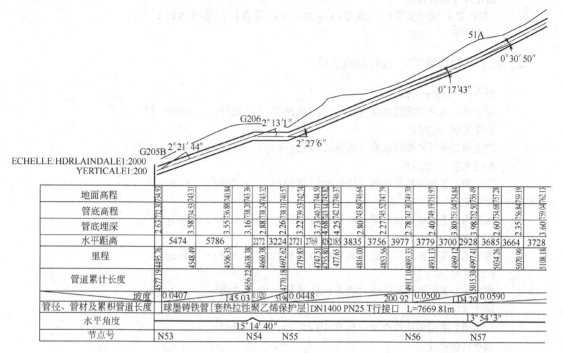

地面高程																		
管底高程																		
管底埋深																		
水平距离		5474	5786		2272	3224	2721	2769	2185	3835	3756	3977	3779	3700	2928	3685	3664	3728
里程																		
管道累计长度																		
坡度	0.0407		145.03	0.020	53.90	0.0448				200.92		0.0500		LD4.20	0.0590			
管径、管材及累积管道长度	球墨铸铁管［套热拉性聚乙烯保护层］DN1400 PN25 T 形接口 L=7669.81m																	
水平角度				15°14′40″											13°54′3″			
节点号	N53				N54	N55				N56				N57				

图 5-29　给水管道纵断面图标注

5.3.3　水处理构筑物尺寸标注

以某水池一部分为例（如图 5-30）简单说明一下水处理构筑物的标注。

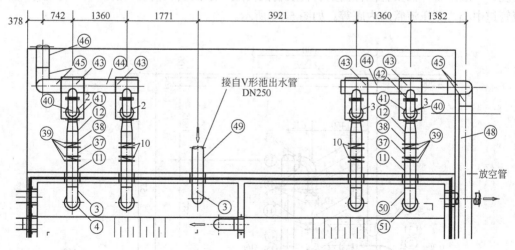

图 5-30　某水池平面尺寸标注

（1）平面标注

① 在工具栏选取▱，进行线性标注。

命令： dimlinear
指定第一条延伸线原点或 <选择对象>： _endp 于
指定第二条延伸线原点： _endp 于
指定尺寸线位置或
[多行文字(M)/文字(T)/角度(A)/水平(H)/垂直(V)/旋转(R)]：
标注文字 = 378

② 在工具栏选取 <u>Ⅲ</u>，进行线性标注。

命令： _dimcontinue
指定第二条延伸线原点或 [放弃(U)/选择(S)] <选择>： _endp 于
标注文字 = 742
指定第二条延伸线原点或 [放弃(U)/选择(S)] <选择>： _endp 于
标注文字 = 1360
指定第二条延伸线原点或 [放弃(U)/选择(S)] <选择>： _endp 于
标注文字 = 1771
指定第二条延伸线原点或 [放弃(U)/选择(S)] <选择>： _endp 于
标注文字 = 3921
指定第二条延伸线原点或 [放弃(U)/选择(S)] <选择>： _endp 于
标注文字 = 1360
指定第二条延伸线原点或 [放弃(U)/选择(S)] <选择>： _endp 于
标注文字 = 1382
指定第二条延伸线原点或 [放弃(U)/选择(S)] <选择>：
选择连续标注：

③ 按上述过程标注其他所需要的标注。管道大样图的做法和标注在这里不作讲述。

（2）立面及高程标注　高程标注又指标高标注，标高符号为等腰45°的三角形加引出线，标高三角形的高位3mm，引出线规定为20mm，标高符号的三角形的尖端指至被标注的高度。一般来说，需要标注标高的有构筑物的内底、水面线、构筑物的上顶，管道标高压力流管道中心，无压流管道内底等。如图5-31所示。

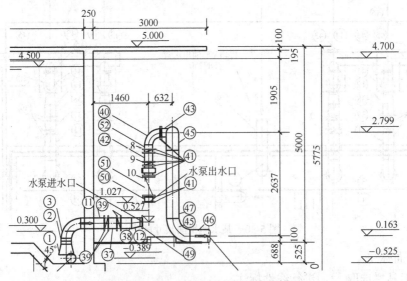

图 5-31　某工程吸水池立面及高程标注

（3）注释　注释一般有设计说明、管道的走向、设备及材料的索引号、大样图的索引号及其他说明等。

5.4　给水排水设计中的文字与表格

表格是在行和列中包含数据的对象。可以从空表格或表格样式创建表格对象。还可以将表格链接至 Microsoft Excel 电子表格中的数据。

5.4.1　创建空表格

依次单击"常用"选项卡|"注释"面板|"插入表格"　。

在"插入表格"对话框中，从列表中选择一个表格样式，或单击下拉菜单右侧的按钮创建一个新的表格样式。

单击"从空表格开始"。

通过执行以下操作之一在图形中插入表格。

指定表格的插入点。

指定表格的窗口。

设置列数和列宽。

如果使用窗口插入方法，用户可以选择列数或列宽，但是不能同时选择两者。

设置行数和行高。

如果使用窗口插入方法，行数由用户指定的窗口尺寸和行高决定。

单击"确定"。

命令条目：table。

5.4.2　表格编辑

表格创建完成后，用户可以单击该表格上的任意网格线以选中该表格，然后通过使用"特性"选项板或夹点来修改该表格。如图 5-32 所示。

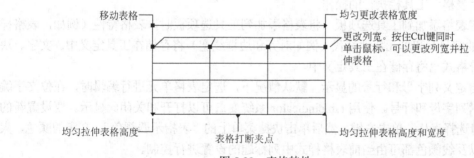

图 5-32　表格特性

更改表格的高度或宽度时，只有与所选夹点相邻的行或列将会更改。表格的高度或宽度保持不变。要根据正在编辑的行或列的大小按比例更改表格的大小，请在使用列夹点时按 Ctrl 键。

（1）将表格打断成多个部分　可以将包含大量数据的表格打断成主要和次要的表格片断。使用表格底部的表格打断夹点，可以使表格覆盖图形中的多列或操作已创建的不同的表格部分。

（2）修改表格单元　在单元内单击以选中它。单元边框的中央将显示夹点。在另一个单元内单击可以将选中的内容移到该单元。拖动单元上的夹点可以使单元及其列或行更宽或更小。如图 5-33 所示。

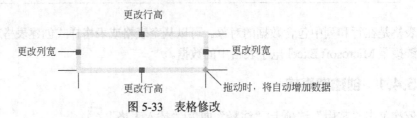

图 5-33　表格修改

注意选择一个单元后，按 F2 键可以编辑该单元文字。

要选择多个单元，请单击并在多个单元上拖动。按住 Shift 键并在另一个单元内单击，可以同时选中这两个单元以及它们之间的所有单元。

如果在功能区处于活动状态时在表格单元内单击，则将显示 "表格"功能区上下文选项卡。如果功能区未处于活动状态，则将显示"表格"工具栏。使用此工具栏，可以执行以下操作。

① 编辑行和列。

② 合并和取消合并单元。

③ 改变单元边框的外观。

④ 编辑数据格式和对齐。

⑤ 锁定和解锁编辑单元。

⑥ 插入块、字段和公式。

（3）创建和编辑单元样式　将表格链接至外部数据。

选择单元后，也可以单击鼠标右键，然后使用快捷菜单上的选项来插入或删除列和行、合并相邻单元或进行其他修改。选择单元后，可以使用"Ctrl+Y"组合键重复上一个操作。

注意使用"Ctrl+Y"组合键重复上一操作将仅重复通过快捷菜单、"表格"功能区上下文选项卡或"表格"工具栏执行的操作。

（4）将表格添加到工具选项板　将表格添加到工具选项板时，表格特性（例如，表格样式和行/列的编号）和单元特性替代（例如对齐和边框线宽）将存储在工具定义中。文字、块内容和字符格式也将存储在工具定义中。

（5）自定义列字母和行号的显示　默认情况下，选定表格单元进行编辑时，在位文字编辑器将显示列字母和行号。使用 tableindicator 系统变量可以打开和关闭此显示。要设置新的背景色，请选择表格，单击右键，然后单击快捷菜单上的"表指示器颜色"。文字的颜色、大小、样式以及线颜色都可由当前表格样式中列标题的设置进行控制。

（6）向表格中添加文字和块　表格单元数据可以包括文字和多个块。

创建表格后，会亮显第一个单元，显示"文字格式"工具栏时可以开始输入文字。单元的行高会加大以适应输入文字的行数。要移动到下一个单元，请按 Tab 键，或使用箭头键向左、向右、向上和向下移动。通过在选定的单元中按 F2 键，可以快速编辑单元文字。

在表格单元中插入块时，块可以自动适应单元的大小，也可以调整单元以适应块的大小。可以通过表格工具栏或快捷菜单插入块。可以将多个块插入到表格单元中。如果在表格单元中有多个块，请使用"管理单元内容"对话框自定义单元内容的显示方式。

5.4.3　创建表格实例

下面用"table"命令在 AutoCAD 图形中插入一个材料表的表格，并附上一个手工绘制的材料表。

命令：table

出现"插入表格"对话框。如图 5-34 所示。

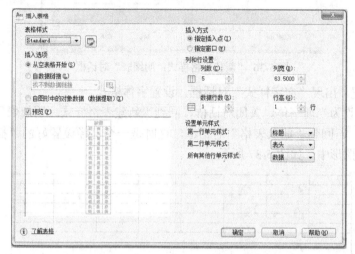

图 5-34　"插入表格"对话框

点击（启动"样式"对话框）按钮，出现"表格样式"对话框，如图 5-35 所示。

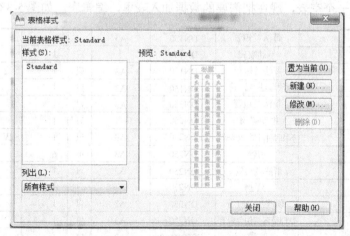

图 5-35　"表格样式"对话框

点击"新建"按钮，出现"创建新的表格样式"对话框。

输入新样式名为"明细表"。

按 继续 按钮。

出现"新建表格样式：明细表"对话框，如图 5-36 所示。

单击 文字 按钮，出现"文字设置"选项卡。

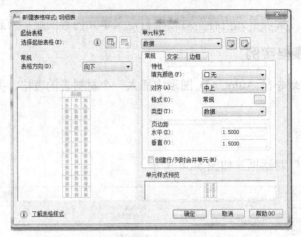

图 5-36 "新建表格样式：明细表"对话框

点击□□按钮，出现"文字样式"对话框，设置字体格式。

将新建字体设为当前字体，关闭对话框，回到"新建表格样式：明细表"对话框。

单击 关闭，回到"插入表格"对话框，这时是一个已经设置好的"插入表格"对话框。将表格插入图形中。如图 5-37 所示。

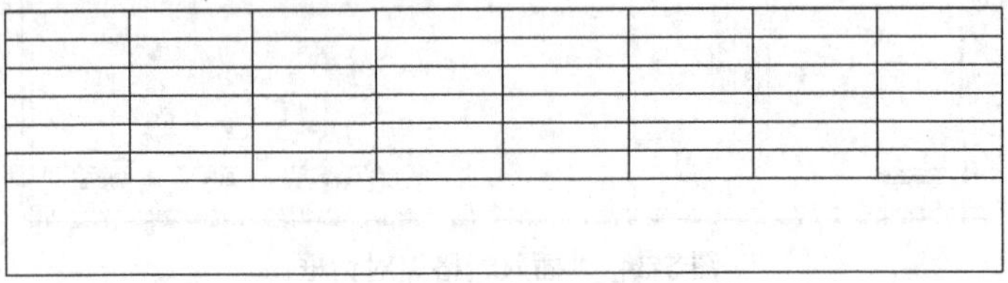

图 5-37 绘制一张空表

图 5-37 只是一个空表，现在把需要的数据加入表里，编辑表，如图 5-38 所示。

标号 No.	标准或图号 STANDARD OR DRAWING No.	名称 DESCRIPTION	规格 SIZE	材料 MATERIAL	单位 UNIT	数量 QTY	备注 REMARKS
⑮		带法兰短管	DN150	A3	只	1	
⑭		手动蝶阀	DN150		只	1	
⑬		带法兰短管	DN150	A3	只	1	
⑫		预埋法兰短管	DN150	A3	只	1	
⑪		带法兰短管	DN250	A3	只	1	
⑩		电动蝶阀	DN250		只	1	
⑨		预埋刚性防水套管	DN250	A3	只	1	IV型
⑧		短管	DN250	A3	m	6	
⑦		带法兰短管	DN250	A3	只	1	
⑥		蝶阀	DN250		只	1	
⑤		预埋法兰短管	DN250	A3	只	1	
④		预埋带弯头法兰短管	DN250	A3	只	1	
③		喷嘴	D250×100	A3	只	1	
②		喉管喇叭罩	D350×350×700	A3	只	1	
①		第一反应室	D2300×400	A3	只	1	

明细表
SPECIFICATION

图 5-38 绘制完成的材料明细表

第❻章

给水排水工程基本图形绘制方法

6.1 | 给水排水工程基本图形绘制方法

6.1.1 一般步骤

① 建立相关图层，包括图层名称、线宽、颜色及线型等。若无需要的线型，单击"加载"按钮，加载需要的线型，建立图中需要的所有图层。

② 选择要画线型的图层，开始绘图。一般先画中心线进行定位，然后依次画完不同线型的图形，必要时用"修剪"等按钮完成图形。

③ 添加剖面线。首先选择剖面类型、角度及比例，然后选择剖面。

④ 尺寸标注。标注前应定义尺寸标注样式，包括箭头形状大小、字体样式以及文字高度等基本参数。

⑤ 编写技术要求。

⑥ 添加图框及标题栏。

⑦ 图形打印。

6.1.2 水处理工程图绘制

（1）总平面图 水处理工程总平面图制图要求包括：坐标系统、构筑物、建筑物、主要辅助建筑物平面轮廓、风玫瑰、指北针等，必要时还应包括工程地形等高线和地表水体和主要公路、铁路等内容，工程的主要管渠布置及相应图例。总平面图标注应包括各个构筑物、建筑物名称、位置坐标、管道类别代号、编号、所有室内设计地面标高。绘制步骤如下。

① 制作并选择适当的模板图；

② 拷贝或绘制水处理工程所在区域的地形图；

③ 在地形图上进行点、线坐标定位，确定基准部分位置，画水处理构筑物和主要辅助建筑物的平面轮廓等；

④ 根据构筑物、建筑物以及道路的相互关系，利用偏移命令（offest）画道路、围墙等次要部分，进行必要的修剪；

⑤ 利用偏移命令（offest）布置各种管渠，利用画圆命令（circle）布置各类管井；

⑥ 画图例，构筑物、建筑物编号、列表；

⑦ 布置应标注的坐标、尺寸及说明文字；

⑧ 确定纸面布局，打印输出。

（2）高程图　水处理高程图利用构筑物、设备等正剖面简图和单线管道图来表达最主要、流程最长的水处理工艺过程的流程及沿程高程变化，必要时流程支路需增加局部剖面图加以说明。水处理高程图无严格要求的比例，通常采用横纵向不同比例绘制，横向按平面图的比例，纵向比例为 1∶50～1∶100，若局部无法按比例绘制，也可不按比例绘制。高程图管线用宽度为 b(0.7～1.2)的线宽绘制，管线中插入阀门及控制点等符号时，可先将这些图形制成图块后再插入。高程图标高为绝对标高，主要标注管、渠、水体、构筑物、建筑物内的水面标高；必要时应包括管道类别代号、编号、必要的文字说明等。绘制步骤如下。

① 选比例，布置图面；

② 绘水处理构筑物、设备用房的正剖面简图及设备图例；

③ 画连接管渠及水体；

④ 画水面线、设计地面线等；

⑤ 布置应标注的标高和说明文字；

⑥ 确定纸面布局，打印输出。

（3）构筑物及设备工艺图　水处理设施和非标设备多采用经验设计，需依靠平时积累。一般是先画构筑物平面图，然后画相应的剖面图，最后根据需要画出必要的详图。绘制步骤如下。

① 选用具有适当文字样式、标注总体比例、线性比例等的模板图；

② 根据构筑物工艺流程及其形态特征，决定布图方向，选择剖切位置，初步确定剖面图数量；

③ 视所绘构筑物的复杂程度，选择平、剖面图适当的比例；

④ 按照所选比例及构筑物特点，估计自绘非标准详图的数量；

⑤ 根据图形数量及其大小，确定图幅，布置图面；

⑥ 检查，布置标注；

⑦ 编号、列表、标注、书写文字；

⑧ 根据比例确定图纸布局，进行填充，修改不恰当比例。

6.1.3　建筑给水排水工程图绘制

室内建筑给水排水工程通常包括：从室外给水管网引水到建筑物内的给水管道、建筑物内部的给水及排水管道、建筑物内排水到室外检查井之间的排水管道以及相应的卫生器具和管道附件。通常先绘制平面图，然后绘制系统图。

（1）平面图　平面图主要包括建筑平面图、卫生器具及构筑物平面、各管道的平面布置及管道编号、阀门及管道附件的平面布置、给水引入管的平面位置及其编号、排水排出管的平面位置及其编号等内容。一般采用与建筑物平面图相同的比例，常用1∶100，必要时可用1∶50。布置方向与相应的建筑平面图一致。

多层建筑物的室内给水排水平面图原则上应该分层绘制，并在图下方注写其图名，对于建筑平面布置及卫生器具和管道布置、数量、规格均相同的楼层，可只绘制一个给水排水平面图（标准层），但须注明适用楼层。对于底层给水排水平面图则仍必须单独画出，同时应画出给水引入管和排水排出管，必要时需绘出相关的阀门井和检查井。若屋面上有给水排水管道，通常附在顶层给水排水平面图上，必要时亦可另绘屋顶给水排水平面图。底层给水排水平面图最好能画出整幢建筑物的底层平面图，其余各层则可只画出布置有给水排水管道及其设备的局部平面图。室内给水排水的建筑平面图不必画出建筑细部，也不标注门窗代号、编号等，只需用细实线绘墙身、门窗洞、楼梯等主要构配件，并画出相应轴线，楼层平面图可只画相应首尾边界轴线。底层平面图一般要画指北针。

室内卫生器具不必详细绘制，对现场施工的卫生器具仅需绘其主要轮廓。均用细线绘制。不论管道在地面上或在地面下，均作为可见管道，按照选定的单粗线绘制，位于同一平面位置的两根或两根以上的不同高度的管道，为图示清楚，宜画成平行排列的管道。无论是明装还是暗装管，平面图中的管线仅表示其示意安装位置，并不表示具体平面位置尺寸。当管道暗装时，除应用说明外，管道线应绘在墙身断面内。建筑物的平面尺寸一般仅在底层给水排水平面图中标注轴线间尺寸。沿墙铺设的卫生器具和管道一般不必标注定位尺寸，必要时，应以轴线或墙面或柱面为基准标注。卫生器具的规格可用文字标注在引出线上，或在施工说明中写出，或在材料表中注写。

管道长度一般不标注。除立管、引入管、排出管外，管道的管径、坡度等习惯注写在系统图中，通常不在平面图中标注。标高标注：底层给水排水平面图中须标注室内地面标高及室外地面整平标高。楼层给水排水平面图也应标注该楼层标高，有时还要标注出用水房间外附近的楼面标高。所有标注的标高均为相对标高。

建筑给水排水工程平面图的绘制步骤如下。

① 复制建筑平面图。

② 绘制卫生器具平面图。

③ 绘制给水排水管道平面图，先绘底层给水排水平面图，再画其余楼层给水排水平面图。一般先画立管，然后画给水引入管和排水排出管，最后按水流方向画出各干管、支管及管道附件，将各卫生器具连接起来。

④ 插入必要图例。

⑤ 布置应标注的尺寸、标高、编号和必要的文字。

（2）系统图 系统图反映给水排水管道系统的上下层之间、前后左右之间的空间关系，各管段管径、坡度和标高，以及管道附件在管道上的位置等。通常采用与相应有平面图相同的比例，当局部管道按比例不易表示时，可不按比例绘制；布图方向与相应的平面图一致；一般采用斜二轴侧表达，也可采用展开图的形式表达。

给水管道系统图一般按每根给水引入管分组绘制，排水管道系统图通常按每根排水排出管分组绘制。引入管和排出管以及立管的编号均应与其平面图中的引入管、排出管及立管对应一致。编号表示同平面图。给水排水管道在平面上沿 X 轴和 Y 轴的长度直接从其平面图上量取，管道高度一般根据建筑物的层高、门窗高、梁的位置及卫生器具、配水龙头、阀门的安装高度等来决定。管道附件、阀门及附属构筑物等仍用图例表示，有坡向的管道按水平管绘出。

当空间交叉的管道在图中相交时，应判别其可见性，在交叉处，可见管道连续画出，而把不可见管道断开。当管道过于集中，即使不按比例也不能清楚地反映管道的空间走向时，可将某部分管道断开，移到图面合适的地方绘出，在两者需连接的断开部位，应标注相同的大写拉丁字母表示连接编号。与建筑物相对位置一般用细实线绘出管道所穿过的地面、楼面、屋面、墙及梁等建筑配件和结构构件的示意位置。

当管道、设备布置复杂，系统图不能表示清楚时，可辅以剖面图。标注管径：可将管径直接注写在相应管道旁边，或注写在引出线上，若几个管段的管径相同，可仅标出始、末段管径，中间管段管径可省略不标注。标注标高，系统图上仍然标注相对标高，并应与建筑图一致。对于建筑物，应标注室内地面、室外地面、各层楼面及屋面等标高。对于给水管道，应以管中心为准，通常要标注横管、阀门和放水龙头等部位的标高。对于排水管道，一般要标注立管或通气管的管顶、排出管的起点及检查口等的标高。其他排水横管标高一般由相关的卫生器具和管件尺寸来决定，一般可不标出其标高，必要时，应标注横管的起点标高。横管的标高以管内底为准。

系统图中的标高符号画法与建筑图的标高符号画法相同，但应注意横线要平行于所标注的管线。标注管道坡度：系统图中具有管道坡度的所有横管均应标注其坡度，通常把坡度注在相应管段旁边，必要时也可以注在引出线上，坡度符号则用单边箭头指向下坡方向。若排水横管采用标准坡度，常将坡度要求写在施工说明中，可以不在图中标注。须注意一点，即给水引入管等给水横管的管道坡度方向与水流方向是不一致的，因给水管为压力流管道，而排水管为重力流管道。当各楼层管道布置、规格等完全相同时，给水或排水系统图上的中间楼层的管道可以不画，只在折断的支管上注写同某层即可。习惯上将底层和顶层的管道全部画出来。一般将给水排水平面图及其相应给水、排水系统图的图例统一列出，其大小与图中图例基本相同。

通常先画好给水排水平面图后，再按照平面图画其系统图。建筑给水排水工程系统图的绘制步骤如下。

① 确定轴测轴。根据相应的给水排水平面图来确定轴测轴。

② 画立管或引入管、排出管。一般地说，若一条引入管或排出管只服务于一根立管，通常先画立管，后画引入管或排出管；倘若一条引入管或排出管服务于几根立管时，则宜先画引入管或排出管，后画立管。

③ 画立管上的各地面、楼面（屋面）。立管上的各地面、楼面（屋面）根据设计标高来确定。若屋面无给水设备，给水系统图可不画屋面。

④ 画各层平面上的横管。根据水龙头、阀门或卫生器具、管道附件（如地漏、存水弯、清扫口等）的安装高度以及管道坡度确定横管的位置。一般先画平行于轴向的横管，再画不平行于轴向的横管。

⑤ 画管道系统上相应的附件、器具等图例。

（3）总平面图 通常采用与该建筑物总平面图相同的比例，一般不小于1：500，若管（渠）复杂，亦可用大于建筑总平面图的比例画出。布图方向与其建筑总平面图相同。按建筑总平面图和给水排水图例绘制有关建筑物、构筑物。一般应画出指北针或风玫瑰。突出建筑物室内外给水排水管道的连接，所以可仅画出局部室内给水和排水管道。

习惯把建筑物室内外给水和室内外排水的平面连接合画在同一张总平面图上。管道用粗线（b）画出，新建的建筑物可见轮廓用中实线（0.5b）画，原有的建筑物可见轮廓及图例符号均用细实线（0.35b）绘制。管道的管径（或排水渠断面规格）就近标注或用引出线标注在相应管（渠）旁。管（渠）及其附属构筑物的平面位置，用施工坐标注出，亦可用附近原有房屋或道路等为基准，标注其定位尺寸。

对于多于一个的阀门井、检查井应编号。检查井编号顺序宜循水流方向，先干管后支管。室外管道宜标注其绝对标高。当无绝对标高资料时，可标注相对标高，标注标高的一般形式是用引出线指向所注检查井（或阀门井），水平横线上方标注井顶盖标高，水平线下方注写井内底标高，或者在水平线上方注写其编号，下方注写井底标高。总平面图中坐标、尺寸及标高均以米为单位，取至小数点后两位。施工说明一般包括以下内容：管径、尺寸、标高的单位；与室内底层设计地面标高±0.000 相当的绝对标高值；管道铺设方式、材料及防腐措施；检查井等的标准图号、规格以及安装、质量验收标准等施工要求。

建筑给水排水工程总平面图的绘制步骤如下。

① 建筑物建筑总平面图。

② 建一较浅色图层将室内底层给水排水平面图置于其中并锁定该层，以做参考。根据室内底层给水排水平面图，画出给水引管和排水排出管。

③ 画原有的室外给水排水管（渠）道，并绘制它们分别与给水引入管和排水排出管之间的连接管线。

④ 从图库中调出给水系统中的水表井、阀门井、消火栓等，以及排水的检查井及化粪池等，插入相应位置。

⑤ 布置管径、标高、定位尺寸、编号等标注及施工说明文字。

6.1.4 市政及建筑小区给水排水工程图绘制

一般采用与相应城市或建筑小区总平面图相同的比例，若绘小区给水排水平面图，比例不小于 1:1000。布图方向与相应的城市建筑总平面图一致。复制城市或建筑小区规划总平面图，保留城市新建和原有的建筑物和构筑物、坐标系统、等高线、道路、指北针及风玫瑰等，确定主要设施位置。习惯上将给水排水管画在同一张图上。管网附件也应与规划的管线综合图一致。图中管道须注明管道类别。同类附属构筑物多于一个时应编号。编号宜用构筑物代号加数字表示，构筑物代号采用拼音字头。给水阀门井编号应从水源到用户，从干管到支管，再到用户。排水检查井编号应从上游到下游，先干管后支管。附属构筑物编号可采用下列形式：Xm-n（X 为附属构筑物代号，m 为构筑物在干管上的编号，n 为构筑物在支管上的编号）。室外给水排水平面图中，如果给水管与排水管、雨水管交叉，应断开排水管、雨水管，将给水管连续画出；若雨水管与排水管相遇，一般断开排水管，连续画出雨水管。管道用粗线（b）画出，新建的建筑物可见轮廓用中实线（0.5b）画，原有的建筑物可见轮廓及图例符号均用细实线（0.35b）绘制。列出所有图例。坐标：采用施工坐标系统。建筑物、构筑物坐标宜注其三个角的坐标，附属构筑物可只注其中心坐标。标注管道进出建筑物及构筑物的位置坐标，标注必要尺寸及标高。若无给水排水管道纵断面图时，平面图上需将各管道的管径、坡度、管渠长度、标高及附属构筑物的规格、标高等标清楚。必须有建筑物、构筑物的名称、施工说明。

市政及建筑小区给水排水工程图的绘制步骤如下。

① 选择模板。

② 复制建筑总平面图，删除不需要的部分并缩放比例。

③ 绘制原有的室外给水排水管（渠）道，根据室内底层给水排水平面图，绘出各建筑

物、构筑物的给水引入管和排水排出管并绘制它们分别与给水引入管和排水排出管之间的连接管线。

④ 从图库中调出给水系统中的水表井、阀门井、消火栓等，以及排水的检查井及化粪池等图例符号，插入相应位置。

⑤ 画各连接管段及相应支管。

⑥ 布置管径、标高、定位尺寸、编号等标注。

⑦ 书写必要的说明文字。

⑧ 检查、输出。

6.2 给水排水工程绘制实例

6.2.1 水处理构筑物绘制实例

水处理单体构筑物一般采用线段"line"、圆"circle"来绘制轮廓、利用图案填充"hatch"命令绘制剖面图案。

【实例】某污水处理厂为适应国家对水质排放的要求，需升级改造，经技术经济比较后，二级处理出水拟采用水力澄清池、BAF 工艺。经计算，已知水力澄清池池第一反应室 D2300mm×400mm，高 4200mm；喉管喇叭罩 D350mm×350mm×700mm，高 2325mm；喷嘴 D100mm×250mm，高 450mm；这些都是采用厚度 6mm 的钢板制作。第二反应室圆筒内径 3600mm，高 2920mm（包括超高及结构尺寸）；沉淀区加第二反应室圆筒内径为 3600mm，高 3200mm（包括超高及结构尺寸）；锥体部分下锥内径 1700mm，锥体高 3800mm；环形集水槽断面宽度 260mm，断面底中心直径 6800mm，高 480mm，汇集槽 350mm，最终出水槽 1400mm×700mm，深 1100mm；进水管 DN250mm，出水管 DN250mm，溢流管 DN250mm，放空管 DN250mm，排泥管 DN150mm。结构专业已返回条件，第二反应室壁厚 150mm，沉淀区壁厚 250mm，支撑第二反应室的柱子 200mm×200mm，共 4 根，离锥体上平面 500mm，支撑环形集水槽的牛腿 1450mm×250mm，厚度 150～200mm，共 6 根，底板厚 350mm，锥体环形版厚 250mm。

制图过程如下。

① 打开 AutoCAD 新建图纸，图纸命名为"水力澄清池-200"。

② 命令:'_layer

出现图层特性管理对话框，点击 ，新建图层"平面-池体"，颜色"8"号，线型"Continuous"，其他默认。退出"图层特性管理器"。

③ 将当前图层转换为"平面图-池体"状态。

④ 画池体平面，见图 6-1。

```
命令: _circle 指定圆的圆心或 [三点(3P)/两点(2P)/切点、切点、半径(T)]:
指定圆的半径或 [直径(D)]: d
指定圆的直径: 9300
沉淀区的内径已经画好，若看不到整个轮廓，用 zoom 命令，看到整个轮廓。
命令: z
ZOOM
```

指定窗口的角点，输入比例因子 (nX 或 nXP)，或者

[全部(A)/中心(C)/动态(D)/范围(E)/上一个(P)/比例(S)/窗口(W)/对象(O)] <实时>：a

正在重生成模型

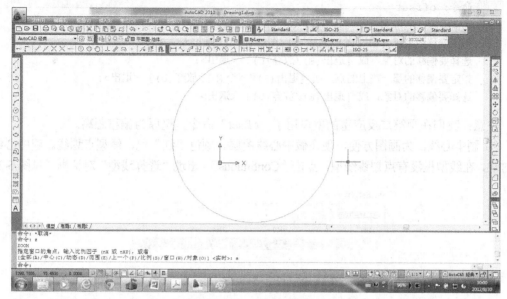

图 6-1　画池体平面

⑤ 画沉淀区的壁厚，见图 6-2。

结构专业提供沉淀区壁厚为 250mm，画圆，直径加 500mm，则直径为 9800mm。

命令：_circle 指定圆的圆心或 [三点(3P)/两点(2P)/切点、切点、半径(T)]：_cen 于

指定圆的半径或 [直径(D)] <4650.0000>：d

指定圆的直径 <9300.0000>：9800

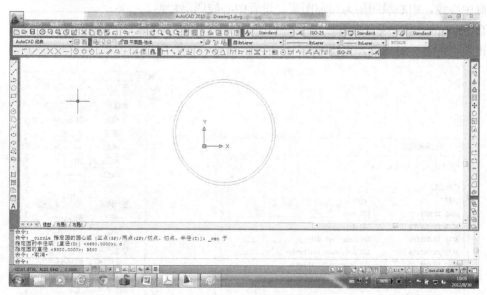

图 6-2　画池壁厚度

图纸大小在视口内可以用鼠标进行调整。

⑥ 画第二反应室内径及壁厚，内径 3600mm，壁厚 150mm。

命令: _circle 指定圆的圆心或 [三点(3P)/两点(2P)/切点、切点、半径(T)]: _cen 于
指定圆的半径或 [直径(D)] <4900.0000>: d
指定圆的直径 <9800.0000>: 3600
命令: offset
当前设置: 删除源=否 图层=源 OFFSETGAPTYPE=0
指定偏移距离或 [通过(T)/删除(E)/图层(L)] <通过>: 150
选择要偏移的对象, 或 [退出(E)/放弃(U)] <退出>:
指定要偏移的那一侧上的点, 或 [退出(E)/多个(M)/放弃(U)] <退出>:
选择要偏移的对象, 或 [退出(E)/放弃(U)] <退出>:

注意: 我们在画第二反应室的壁厚用了"offset"命令, 壁厚为偏移距离。

⑦ 画中心线。为画图方便, 现在做中心线图层。颜色"红"色, 线型点划线。建中心线的时候, 在线型里没有点划线线型, 点击"Continuous", 出现"选择线型"对话框, 见图6-3。

图6-3 选择线型对话框

点击 加载(L)..., 出现"加载或重载线型"对话框, 见图6-4。
选择"Center"线型, 退出"图层特性管理器"对话框。
画中心线, 中心线图层为当前图层。设置中心线图层特性。
命令: _properties 或点击 。
出现"特性"对话框, 见图6-5。

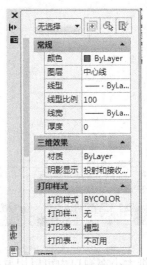

图6-4 加载或重载线型对话框   图6-5 特性对话框

将线型比例设置为 100，其余不变。

```
命令: _offset
当前设置: 删除源=否  图层=源  OFFSETGAPTYPE=0
指定偏移距离或 [通过(T)/删除(E)/图层(L)] <150.0000>: 200
选择要偏移的对象, 或 [退出(E)/放弃(U)] <退出>:
指定要偏移的那一侧上的点, 或 [退出(E)/多个(M)/放弃(U)] <退出>:
选择要偏移的对象, 或 [退出(E)/放弃(U)] <退出>:
命令: _line 指定第一点: _cen 于
指定下一点或 [放弃(U)]: _qua 于
指定下一点或 [放弃(U)]:
命令: _extend
当前设置:投影=UCS, 边=无
选择边界的边...
选择对象或 <全部选择>: 找到 1 个
选择对象:
选择要延伸的对象, 或按住 Shift 键选择要修剪的对象, 或
[栏选(F)/窗交(C)/投影(P)/边(E)/放弃(U)]:
选择要延伸的对象, 或按住 Shift 键选择要修剪的对象, 或
[栏选(F)/窗交(C)/投影(P)/边(E)/放弃(U)]:
命令: _line 指定第一点: _cen 于 _qua
点无效。
指定第一点: _qua 于
指定下一点或 [放弃(U)]: _qua 于
指定下一点或 [放弃(U)]:
命令: _erase 找到 1 个
```

注意：这里用了几个命令："_offset"，"_line"，"_extend"，"_erase" 等命令。结果如图 6-6 所示。

⑧ 画牛腿，牛腿六根，用以支撑集水槽。

```
命令: _line 指定第一点: _int 于
指定下一点或 [放弃(U)]:
命令: _line 指定第一点: @-1450,0
指定下一点或 [放弃(U)]: @0,75
指定下一点或 [放弃(U)]:
指定下一点或 [闭合(C)/放弃(U)]:
命令: _mirror
选择对象:指定对角点:找到 2 个
选择对象:
指定镜像线的第一点: _endp 于 指定镜像线的第二点:
要删除源对象吗? [是(Y)/否(N)] <N>:
命令: _trim
当前设置:投影=UCS, 边=无
选择剪切边...
选择对象或 <全部选择>: 找到 1 个
```

选择对象：

选择要修剪的对象，或按住 Shift 键选择要延伸的对象，或

[栏选(F)/窗交(C)/投影(P)/边(E)/删除(R)/放弃(U)]：

选择要修剪的对象，或按住 Shift 键选择要延伸的对象，或

[栏选(F)/窗交(C)/投影(P)/边(E)/删除(R)/放弃(U)]：

选择要修剪的对象，或按住 Shift 键选择要延伸的对象，或

[栏选(F)/窗交(C)/投影(P)/边(E)/删除(R)/放弃(U)]：

第一支牛腿画好。注意这里用了"_mirror"和"_trim"等命令。如图 6-7 所示。

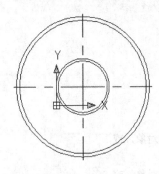

图 6-6 画中心线

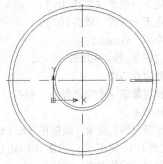

图 6-7 画第一个牛腿图

⑨ 用阵列将其他牛腿做好。

命令：_array

出现"阵列"对话框。如图 6-8 所示。

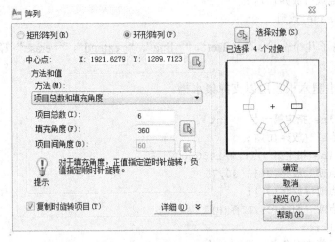

图 6-8 阵列对话框

选择"环形阵列"，点击 ▣。

指定阵列中心点：_cen 于（池体圆中心点）

点击 ▣。

选择对象：指定对角点：找到 4 个

选择对象：

项目总数输入"6"，填充角度"360°"。点击"预览"，回到作图界面。

拾取或按 Esc 键返回到对话框或 <单击鼠标右键接受阵列>：

效果如图 6-9 所示。

⑩ 画柱子，柱子 200mm×200mm，柱子中心点直径为 3750mm。

可以做辅助线，安好第一个柱子，然后用"阵列"做好其他柱子。

命令：_circle 指定圆的圆心或 [三点(3P)/两点(2P)/切点、切点、半径(T)]：_cen 于
指定圆的半径或 [直径(D)] <1875.0000>: d
指定圆的直径 <3750.0000>: 3750
命令：_line 指定第一点: _appint 于　和
指定下一点或 [放弃(U)]: @0,100
指定下一点或 [放弃(U)]: @-100,0
指定下一点或 [闭合(C)/放弃(U)]:
>>输入 ORTHOMODE 的新值 <1>:
正在恢复执行 LINE 命令。
指定下一点或 [闭合(C)/放弃(U)]: @0,-200
指定下一点或 [闭合(C)/放弃(U)]: @200,0
指定下一点或 [闭合(C)/放弃(U)]: _per 到
指定下一点或 [闭合(C)/放弃(U)]:
命令：_extend
当前设置:投影=UCS，边=无
选择边界的边...
选择对象或 <全部选择>: 找到 1 个
选择对象:
选择要延伸的对象，或按住 Shift 键选择要修剪的对象，或
[栏选(F)/窗交(C)/投影(P)/边(E)/放弃(U)]:
选择要延伸的对象，或按住 Shift 键选择要修剪的对象，或
[栏选(F)/窗交(C)/投影(P)/边(E)/放弃(U)]:
命令: 指定对角点:
命令：_erase 找到 1 个
命令：_erase 找到 1 个

注意：这里作了一个直径为 3750mm 的圆定柱子的中心点。成果如图 6-10 所示。

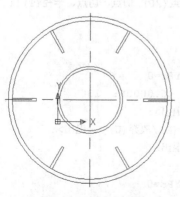

图 6-9　画多个牛腿图

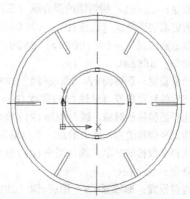

图 6-10　画澄清池柱子

⑪ 安装第一反应室：D2300mm×400mm，高4200mm。成果如图 6-11 所示。

新建图层"第一反应室"，颜色"绿"，其余默认状态。将图层"第一反应室"设置为当前图层。

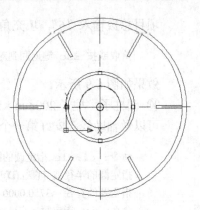

图 6-11 画第一反应室

```
命令：_circle 指定圆的圆心或 [三点(3P)/两点
(2P)/切点、切点、半径(T)]：_cen 于
指定圆的半径或 [直径(D)] <1875.0000>：d2300
需要数值距离、第二点或选项关键字。
指定圆的半径或 [直径(D)] <1875.0000>：d
指定圆的直径 <3750.0000>：2300
命令：_offset
当前设置：删除源=否  图层=源  OFFSETGAPTYPE=0
指定偏移距离或 [通过(T)/删除(E)/图层(L)] <200.0000>：6
选择要偏移的对象，或 [退出(E)/放弃(U)] <退出>：
指定要偏移的那一侧上的点，或 [退出(E)/多个(M)/放弃(U)] <退出>：
选择要偏移的对象，或 [退出(E)/放弃(U)] <退出>：
命令：_circle 指定圆的圆心或 [三点(3P)/两点(2P)/切点、切点、半径(T)]：_cen 于
指定圆的半径或 [直径(D)] <1150.0000>：d
指定圆的直径 <2300.0000>：400
命令：_offset
当前设置：删除源=否  图层=源  OFFSETGAPTYPE=0
指定偏移距离或 [通过(T)/删除(E)/图层(L)] <6.0000>：
选择要偏移的对象，或 [退出(E)/放弃(U)] <退出>：
指定要偏移的那一侧上的点，或 [退出(E)/多个(M)/放弃(U)] <退出>：
选择要偏移的对象，或 [退出(E)/放弃(U)] <退出>：
```

注意：这里用了两次"_circle"和两次"_offset"命令，分别做第一反应室和反应室壁厚，还用了两次"捕捉_cen 于"命令，用于画圆的圆心。

⑫ 安装环形集水槽。为简化图层管理，环形集水槽与第一反应室位于同一图层。

环形集水槽断面宽度 260mm，断面底中心直径 6800mm，高 480mm，汇集槽 350mm，最终出水槽 1400mm×700mm，深 1100mm。

将"中心线"图层置于当前图层。

```
命令：_circle 指定圆的圆心或 [三点(3P)/两点(2P)/切点、切点、半径(T)]：_cen 于
指定圆的半径或 [直径(D)] <200.0000>：d
指定圆的直径 <400.0000>：6800
命令：offset
当前设置：删除源=否  图层=源  OFFSETGAPTYPE=0
指定偏移距离或 [通过(T)/删除(E)/图层(L)] <6.0000>：130
选择要偏移的对象，或 [退出(E)/放弃(U)] <退出>：
指定要偏移的那一侧上的点，或 [退出(E)/多个(M)/放弃(U)] <退出>：
选择要偏移的对象，或 [退出(E)/放弃(U)] <退出>：
命令：offset
当前设置：删除源=否  图层=源  OFFSETGAPTYPE=0
指定偏移距离或 [通过(T)/删除(E)/图层(L)] <130.0000>：6
```

选择要偏移的对象，或 [退出(E)/放弃(U)] <退出>:
指定要偏移的那一侧上的点，或 [退出(E)/多个(M)/放弃(U)] <退出>:
选择要偏移的对象，或 [退出(E)/放弃(U)] <退出>:
命令:'_matchprop
选择源对象:
当前活动设置: 颜色 图层 线型 线型比例 线宽 厚度 打印样式 标注 文字 填充图案 多段线 视口 表格材质 阴影显示 多重引线
选择目标对象或 [设置(S)]: 指定对角点:
选择目标对象或 [设置(S)]: 指定对角点:
选择目标对象或 [设置(S)]:

注意：这里用中心线通过偏移的方式做了环形集水槽的墙和底，然后用"'_matchprop"命令复制图形特性。

⑬ 将中心线转化到"第一反应室图层"。

⑭ 画汇集槽。

命令:_offset
当前设置: 删除源=否 图层=源 OFFSETGAPTYPE=0
指定偏移距离或 [通过(T)/删除(E)/图层(L)] <6.0000>: 175
选择要偏移的对象，或 [退出(E)/放弃(U)] <退出>:
指定要偏移的那一侧上的点，或 [退出(E)/多个(M)/放弃(U)] <退出>:
选择要偏移的对象，或 [退出(E)/放弃(U)] <退出>:
命令:_offset
当前设置: 删除源=否 图层=源 OFFSETGAPTYPE=0
指定偏移距离或 [通过(T)/删除(E)/图层(L)] <175.0000>: 6
选择要偏移的对象，或 [退出(E)/放弃(U)] <退出>:
指定要偏移的那一侧上的点，或 [退出(E)/多个(M)/放弃(U)] <退出>:
选择要偏移的对象，或 [退出(E)/放弃(U)] <退出>:

汇集槽草图如图 6-12 所示。

再经修饰如下。

命令:_trim
当前设置:投影=UCS，边=无
选择剪切边...
选择对象或 <全部选择>: 找到 1 个
选择对象:
选择要修剪的对象，或按住 Shift 键选择要延伸的对象，或
[栏选(F)/窗交(C)/投影(P)/边(E)/删除(R)/放弃(U)]: 指定对角点:
命令:'_matchprop
选择源对象:
当前活动设置: 颜色 图层 线型 线型比例 线宽 厚度 打印样式 标注 文字 填充图案 多段线 视口 表格材质 阴影显示 多重引线
选择目标对象或 [设置(S)]: 指定对角点:
选择目标对象或 [设置(S)]: 指定对角点:
选择目标对象或 [设置(S)]:
命令: 指定对角点:

命令：指定对角点：

命令：_erase 删掉多余线段

命令：'_matchprop

选择源对象：

当前活动设置：颜色 图层 线型 线型比例 线宽 厚度 打印样式 标注 文字 填充图案 多段线 视口 表格材质 阴影显示 多重引线

选择目标对象或 [设置(S)]：指定对角点：

将汇集槽的线型与池体进行对象匹配

注意到汇集槽地下的牛腿差不多遮住了，为使图面整洁、美观，把看不见的都给去掉。成果如图 6-13 所示。

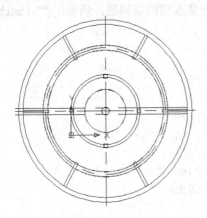
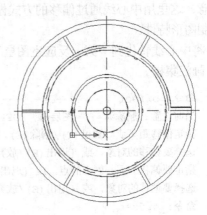

图 6-12　汇集槽草图　　　　　　　　图 6-13　汇集槽整理结果

现在，把当前图层设为"平面图-池体"，做最终出水槽。

⑮ 画最终出水槽。最终出水槽平面尺寸 1400mm×700mm，深 1100mm。

命令：_line 指定第一点：_int 于

指定下一点或 [放弃(U)]：

命令：_line 指定第一点：@750,0

指定下一点或 [放弃(U)]：@0,700

指定下一点或 [放弃(U)]：

指定下一点或 [闭合(C)/放弃(U)]：

命令：offset

当前设置：删除源=否　图层=源　OFFSETGAPTYPE=0

指定偏移距离或 [通过(T)/删除(E)/图层(L)] <6.0000>：200

选择要偏移的对象，或 [退出(E)/放弃(U)] <退出>：

命令：_chamfer

（"修剪"模式）当前倒角距离 1 = 0.0000，距离 2 = 0.0000

选择第一条直线或 [放弃(U)/多段线(P)/距离(D)/角度(A)/修剪(T)/方式(E)/多个(M)]：

选择第二条直线，或按住 Shift 键选择要应用角点的直线：

命令：_mirror

选择对象：指定对角点：找到 4 个

选择对象：

指定镜像线的第一点：_endp 于 指定镜像线的第二点：

要删除源对象吗？[是(Y)/否(N)] <N>：

```
命令:_trim
当前设置:投影=UCS,边=无
选择剪切边...
选择对象或 <全部选择>: 找到 1 个
选择对象: 找到 1 个,总计 2 个
选择对象: 找到 1 个,总计 3 个
选择对象:
选择要修剪的对象,或按住 Shift 键选择要延伸的对象,或
[栏选(F)/窗交(C)/投影(P)/边(E)/删除(R)/放弃(U)]:
```

成果如图 6-14 所示。

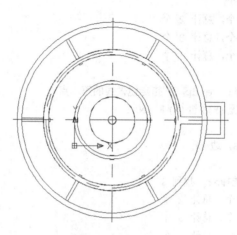

图 6-14　画出水槽

最后将中心线拉长一点,用夹持点进行编辑。

这种平面图可以用在某个标高的平面来表示。比方以地面开始算起,如标示:"7.25 平面图",还可以作"顶面平面图"等。其他标高的平面读者自行练习。

⑯ 添加污泥斗。污泥斗底上平面标高 2.30m(据地面),污泥斗顶面标高 3.70m(据地面),依此条件,可以画出污泥斗平面。

```
命令:_circle 指定圆的圆心或 [三点(3P)/两点(2P)/切点、切点、半径(T)]: _cen 于
指定圆的半径或 [直径(D)] <2500.0000>: d
指定圆的直径 <5000.0000>: 5000
命令:_line 指定第一点: _int 于
指定下一点或 [放弃(U)]:
命令:_line 指定第一点: @0,1800
指定下一点或 [放弃(U)]: @1000,0
指定下一点或 [放弃(U)]: *取消*
命令:_line 指定第一点: _int 于
指定下一点或 [放弃(U)]: @600,0
指定下一点或 [放弃(U)]: _endp 于
指定下一点或 [闭合(C)/放弃(U)]:
命令: offset
当前设置:删除源=否  图层=源  OFFSETGAPTYPE=0
指定偏移距离或 [通过(T)/删除(E)/图层(L)] <200.0000>: 150
```

选择要偏移的对象，或 [退出(E)/放弃(U)] <退出>：

指定要偏移的那一侧上的点，或 [退出(E)/多个(M)/放弃(U)] <退出>：

选择要偏移的对象，或 [退出(E)/放弃(U)] <退出>：

命令：_chamfer

（"修剪"模式）当前倒角距离 1 = 0.0000，距离 2 = 0.0000

选择第一条直线或 [放弃(U)/多段线(P)/距离(D)/角度(A)/修剪(T)/方式(E)/多个(M)]：

选择第二条直线，或按住 Shift 键选择要应用角点的直线：

命令：_circle 指定圆的圆心或 [三点(3P)/两点(2P)/切点、切点、半径(T)]：_cen 于

指定圆的半径或 [直径(D)] <2500.0000>：_int 于

命令：_mirror

选择对象：找到 1 个

选择对象：找到 1 个，总计 2 个

选择对象：找到 1 个，总计 3 个

选择对象：找到 1 个，总计 4 个

选择对象：

指定镜像线的第一点：_endp 于 指定镜像线的第二点：

要删除源对象吗？[是(Y)/否(N)] <N>：

命令：_trim

当前设置：投影=UCS，边=无

选择剪切边...

选择对象或 <全部选择>：找到 1 个

选择对象：找到 1 个，总计 2 个

选择对象：找到 1 个，总计 3 个

选择对象：找到 1 个，总计 4 个

选择对象：找到 1 个，总计 5 个

选择对象：

选择要修剪的对象，或按住 Shift 键选择要延伸的对象，或

[栏选(F)/窗交(C)/投影(P)/边(E)/删除(R)/放弃(U)]：

命令：_erase 找到 2 个

命令：_mirror

选择对象：指定对角点：找到 10 个

选择对象：

指定镜像线的第一点：_endp 于 指定镜像线的第二点：

要删除源对象吗？[是(Y)/否(N)] <N>：

命令：_trim

当前设置：投影=UCS，边=无

选择剪切边...

选择对象或 <全部选择>：找到 1 个

选择对象：找到 1 个，总计 2 个

选择对象：

选择要修剪的对象，或按住 Shift 键选择要延伸的对象，或

[栏选(F)/窗交(C)/投影(P)/边(E)/删除(R)/放弃(U)]：

命令：指定对角点：

将污泥斗的底表达出来。污泥斗与池壁相贯形成一个底。

命令：_line 指定第一点：_int 于

指定下一点或 [放弃(U)]：

命令:_line 指定第一点: @0,300
指定下一点或 [放弃(U)]:
指定下一点或 [放弃(U)]:
命令:_circle 指定圆的圆心或 [三点(3P)/两点(2P)/切点、切点、半径(T)]:_cen 于
指定圆的半径或 [直径(D)]:_endp 于
命令:_trim
当前设置:投影=UCS,边=无
选择剪切边...
选择对象或 <全部选择>: 找到 1 个
选择对象: 找到 1 个,总计 2 个
选择对象: 找到 1 个,总计 3 个
选择对象: 找到 1 个,总计 4 个
选择对象:
选择要修剪的对象,或按住 Shift 键选择要延伸的对象,或
[栏选(F)/窗交(C)/投影(P)/边(E)/删除(R)/放弃(U)]:
命令: _erase 找到 1 个

如图 6-15 所示。

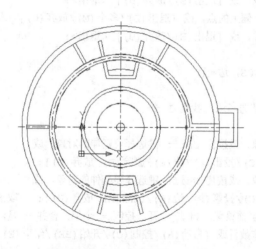

图 6-15　画污泥斗

⑰ 添加管道。

a. 出水管　新建"管道"层,并置于当前图层。

命令: _circle 指定圆的圆心或 [三点(3P)/两点(2P)/切点、切点、半径(T)]:_int 于
指定圆的半径或 [直径(D)] <4300.0000>: d273
需要数值距离、第二点或选项关键字。
指定圆的半径或 [直径(D)] <4300.0000>: d
指定圆的直径 <8600.0000>: 273
命令: _offset
当前设置:删除源=否　图层=源　OFFSETGAPTYPE=0
指定偏移距离或 [通过(T)/删除(E)/图层(L)] <350.0000>: 8
选择要偏移的对象,或 [退出(E)/放弃(U)] <退出>:
指定要偏移的那一侧上的点,或 [退出(E)/多个(M)/放弃(U)] <退出>:

选择要偏移的对象，或 [退出(E)/放弃(U)] <退出>：

命令：_mirror

选择对象：指定对角点：找到 2 个

选择对象：

指定镜像线的第一点：_endp 于 指定镜像线的第二点：

要删除源对象吗？[是(Y)/否(N)] <N>：

命令：_mirror

选择对象：找到 1 个

选择对象：

指定镜像线的第一点：_endp 于 指定镜像线的第二点：

要删除源对象吗？[是(Y)/否(N)] <N>：n

b. 添加进水和排空管道　做进水管道和排空管道的中心线，一般材料统计到构筑物外缘 1m，故做辅助圆。

命令：offset

当前设置：删除源=否　图层=源　OFFSETGAPTYPE=0

指定偏移距离或 [通过(T)/删除(E)/图层(L)] <1000.0000>：136.5

选择要偏移的对象，或 [退出(E)/放弃(U)] <退出>：

指定要偏移的那一侧上的点，或 [退出(E)/多个(M)/放弃(U)] <退出>：

选择要偏移的对象，或 [退出(E)/放弃(U)] <退出>：

命令：_trim

当前设置:投影=UCS，边=无

选择剪切边...

选择对象或 <全部选择>：找到 1 个

选择对象：

选择要修剪的对象，或按住 Shift 键选择要延伸的对象，或

[栏选(F)/窗交(C)/投影(P)/边(E)/删除(R)/放弃(U)]：

选择要修剪的对象，或按住 Shift 键选择要延伸的对象，或

[栏选(F)/窗交(C)/投影(P)/边(E)/删除(R)/放弃(U)]：*取消*

命令：_.undo 当前设置：自动 = 开，控制 = 全部，合并 = 是，图层 = 是

输入要放弃的操作数目或 [自动(A)/控制(C)/开始(BE)/结束(E)/标记(M)/后退(B)] <1>：

1 修剪 GROUP

命令：_erase 找到 2 个

命令：_offset

当前设置：删除源=否　图层=源　OFFSETGAPTYPE=0

指定偏移距离或 [通过(T)/删除(E)/图层(L)] <136.5000>：

选择要偏移的对象，或 [退出(E)/放弃(U)] <退出>：

指定要偏移的那 侧上的点，或 [退出(E)/多个(M)/放弃(U)] <退出>：

命令：_trim

当前设置:投影=UCS，边=无

选择剪切边...

选择对象或 <全部选择>：找到 1 个

选择对象：

选择要修剪的对象，或按住 Shift 键选择要延伸的对象，或

[栏选(F)/窗交(C)/投影(P)/边(E)/删除(R)/放弃(U)]：

命令：'_matchprop
选择源对象：
当前活动设置： 颜色 图层 线型 线型比例 线宽 厚度 打印样式 标注 文字 填充图案 多段线
视口 表格材质 阴影显示 多重引线
选择目标对象或 [设置(S)]：
命令：_erase 找到 1 个
命令：_line 指定第一点：_endp 于
指定下一点或 [放弃(U)]：_per 到
指定下一点或 [放弃(U)]：
命令：_ellipse
指定椭圆的轴端点或 [圆弧(A)/中心点(C)]：c
指定椭圆的中心点：_mid 于
指定轴的端点：_endp 于
指定另一条半轴长度或 [旋转(R)]：
命令：_copy
选择对象：找到 1 个
选择对象：
当前设置： 复制模式 = 多个
指定基点或 [位移(D)/模式(O)] <位移>：_endp 于 指定第二个点或 <使用第一个点作为位
移>：_endp 于
指定第二个点或 [退出(E)/放弃(U)] <退出>：
命令：offset
当前设置：删除源=否 图层=源 OFFSETGAPTYPE=0
指定偏移距离或 [通过(T)/删除(E)/图层(L)] <136.5000>： 200
选择要偏移的对象，或 [退出(E)/放弃(U)] <退出>：
指定要偏移的那一侧上的点，或 [退出(E)/多个(M)/放弃(U)] <退出>：
选择要偏移的对象，或 [退出(E)/放弃(U)] <退出>：
命令：OFFSET
当前设置：删除源=否 图层=源 OFFSETGAPTYPE=0
指定偏移距离或 [通过(T)/删除(E)/图层(L)] <200.0000>： 1200
选择要偏移的对象，或 [退出(E)/放弃(U)] <退出>：
指定要偏移的那一侧上的点，或 [退出(E)/多个(M)/放弃(U)] <退出>：
选择要偏移的对象，或 [退出(E)/放弃(U)] <退出>：
命令：_extend
当前设置：投影=UCS，边=无
选择边界的边...
选择对象或 <全部选择>：找到 1 个
选择对象：找到 1 个，总计 2 个
选择对象：找到 1 个，总计 3 个
选择对象：
选择要延伸的对象，或按住 Shift 键选择要修剪的对象，或
[栏选(F)/窗交(C)/投影(P)/边(E)/放弃(U)]：
命令：'_matchprop
选择源对象：
当前活动设置： 颜色 图层 线型 线型比例 线宽 厚度 打印样式 标注 文字 填充图案 多段线
视口 表格材质 阴影显示 多重引线

选择目标对象或 [设置(S)]:
选择目标对象或 [设置(S)]:
命令: _trim
当前设置:投影=UCS，边=无
选择剪切边…
选择对象或 <全部选择>: 找到 1 个
选择对象:
选择要修剪的对象，或按住 Shift 键选择要延伸的对象，或
[栏选(F)/窗交(C)/投影(P)/边(E)/删除(R)/放弃(U)]:
命令: _erase 找到 2 个
命令: _array
选择对象: 指定对角点: 找到 3 个
选择对象:
指定阵列中心点: _cen 于

c. 排泥管道　排泥管道由吸水喇叭口、连接法兰、弯头等附件等组成，管道为 DN150。

命令: _line 指定第一点: _cen 于
指定下一点或 [放弃(U)]:
** 拉伸 **
指定拉伸点或 [基点(B)/复制(C)/放弃(U)/退出(X)]:
命令: *取消*
命令: _offset
当前设置: 删除源=否　图层=源　OFFSETGAPTYPE=0
指定偏移距离或 [通过(T)/删除(E)/图层(L)] <1200.0000>:
选择要偏移的对象，或 [退出(E)/放弃(U)] <退出>:
指定要偏移的那一侧上的点，或 [退出(E)/多个(M)/放弃(U)] <退出>:
选择要偏移的对象，或 [退出(E)/放弃(U)] <退出>: *取消*
命令: _erase 找到 1 个
命令: _offset
当前设置: 删除源=否　图层=源　OFFSETGAPTYPE=0
指定偏移距离或 [通过(T)/删除(E)/图层(L)] <1200.0000>: 1000
选择要偏移的对象，或 [退出(E)/放弃(U)] <退出>:
指定要偏移的那一侧上的点，或 [退出(E)/多个(M)/放弃(U)] <退出>:
选择要偏移的对象，或 [退出(E)/放弃(U)] <退出>:
命令: _extend
当前设置:投影=UCS，边=无
选择边界的边…
选择对象或 <全部选择>: 找到 1 个
选择对象:
选择要延伸的对象，或按住 Shift 键选择要修剪的对象，或
[栏选(F)/窗交(C)/投影(P)/边(E)/放弃(U)]:
命令: _offset
当前设置: 删除源=否　图层=源　OFFSETGAPTYPE=0
指定偏移距离或 [通过(T)/删除(E)/图层(L)] <1000.0000>: 200
选择要偏移的对象，或 [退出(E)/放弃(U)] <退出>:

指定要偏移的那一侧上的点，或 [退出(E)/多个(M)/放弃(U)] <退出>:

选择要偏移的对象，或 [退出(E)/放弃(U)] <退出>:

命令: _extend

当前设置:投影=UCS，边=无

选择边界的边...

选择对象或 <全部选择>: 找到 1 个

选择对象:

选择要延伸的对象，或按住 Shift 键选择要修剪的对象，或

[栏选(F)/窗交(C)/投影(P)/边(E)/放弃(U)]:

命令: _trim

当前设置:投影=UCS，边=无

选择剪切边...

选择对象或 <全部选择>: 找到 1 个

选择对象:

选择要修剪的对象，或按住 Shift 键选择要延伸的对象，或

[栏选(F)/窗交(C)/投影(P)/边(E)/删除(R)/放弃(U)]:

命令: '_matchprop

选择源对象:

当前活动设置: 颜色 图层 线型 线型比例 线宽 厚度 打印样式 标注 文字 填充图案 多段线
视口 表格材质 阴影显示 多重引线

选择目标对象或 [设置(S)]:

命令: _trim

当前设置:投影=UCS，边=无

选择剪切边...

选择对象或 <全部选择>: 找到 1 个

选择对象: 找到 1 个，总计 2 个

选择对象:

选择要修剪的对象，或按住 Shift 键选择要延伸的对象，或

[栏选(F)/窗交(C)/投影(P)/边(E)/删除(R)/放弃(U)]:

命令: 指定对角点:

命令: _erase 找到 1 个

命令: '_matchprop

选择源对象:

当前活动设置: 颜色 图层 线型 线型比例 线宽 厚度 打印样式 标注 文字 填充图案 多段线
视口 表格材质 阴影显示 多重引线

选择目标对象或 [设置(S)]:

选择目标对象或 [设置(S)]:

命令: _erase 找到 1 个

命令: _line 指定第一点: _endp 于

指定下一点或 [放弃(U)]: _per 到

指定下一点或 [放弃(U)]:

命令: _ellipse

指定椭圆的轴端点或 [圆弧(A)/中心点(C)]: c

指定椭圆的中心点: _mid 于

指定轴的端点: _endp 于

指定另一条半轴长度或 [旋转(R)]:

命令：_mirror
选择对象：找到 1 个
选择对象：
指定镜像线的第一点：_endp 于 指定镜像线的第二点：
要删除源对象吗？[是(Y)/否(N)] <N>：
** 拉伸 **
指定拉伸点或 [基点(B)/复制(C)/放弃(U)/退出(X)]：
命令：*取消*
** 拉伸 **
指定拉伸点或 [基点(B)/复制(C)/放弃(U)/退出(X)]：
命令：*取消*
命令：_trim
当前设置：投影=UCS，边=无
选择剪切边... 找到 1 个
选择要修剪的对象，或按住 Shift 键选择要延伸的对象，或
[栏选(F)/窗交(C)/投影(P)/边(E)/删除(R)/放弃(U)]：
命令：'_matchprop
选择源对象：
当前活动设置： 颜色 图层 线型 线型比例 线宽 厚度 打印样式 标注 文字 填充图案 多段线
视口 表格材质 阴影显示 多重引线
选择目标对象或 [设置(S)]：
命令：_extend
当前设置：投影=UCS，边=无
选择边界的边...
选择对象或 <全部选择>： 找到 1 个
选择对象：
选择要延伸的对象，或按住 Shift 键选择要修剪的对象，或
[栏选(F)/窗交(C)/投影(P)/边(E)/放弃(U)]：
命令：_erase 找到 1 个
命令：_offset
当前设置：删除源=否 图层=源 OFFSETGAPTYPE=0
指定偏移距离或 [通过(T)/删除(E)/图层(L)] <200.0000>： 100
选择要偏移的对象，或 [退出(E)/放弃(U)] <退出>：
指定要偏移的那一侧上的点，或 [退出(E)/多个(M)/放弃(U)] <退出>：
选择要偏移的对象，或 [退出(E)/放弃(U)] <退出>：
做法兰、弯头等
指定第一点：@0,20
指定下一点或 [放弃(U)]：_per 到
指定下一点或 [放弃(U)]：
命令：_line 指定第一点：_endp 于
指定下一点或 [放弃(U)]：
命令：_line 指定第一点：@0,-2
指定下一点或 [放弃(U)]：_per 到
指定下一点或 [放弃(U)]：
命令：_line 指定第一点：
指定下一点或 [放弃(U)]：@199,0

指定下一点或 [放弃(U)]:

命令: _move

选择对象: 找到 1 个

选择对象:

指定基点或 [位移(D)] <位移>: _mid 于 指定第二个点或 <使用第一个点作为位移>: _int

于

命令: _line 指定第一点: _endp 于

指定下一点或 [放弃(U)]: @5<-45

指定下一点或 [放弃(U)]:

命令: _mirror

选择对象: 找到 1 个

选择对象:

指定镜像线的第一点: _int 于 指定镜像线的第二点:

要删除源对象吗? [是(Y)/否(N)] <N>: *取消*

命令: _erase 找到 1 个

命令: _line 指定第一点: _endp 于

指定下一点或 [放弃(U)]: @5<-45

指定下一点或 [放弃(U)]:

命令: _trim

当前设置:投影=UCS,边=无

选择剪切边…

选择对象或 <全部选择>: 找到 1 个

选择对象: 找到 1 个,总计 2 个

选择对象:

选择要修剪的对象,或按住 Shift 键选择要延伸的对象,或

[栏选(F)/窗交(C)/投影(P)/边(E)/删除(R)/放弃(U)]:

命令: _mirror

选择对象: 找到 1 个

选择对象:

指定镜像线的第一点: _int 于 指定镜像线的第二点:

要删除源对象吗? [是(Y)/否(N)] <N>:

命令: _trim

当前设置:投影=UCS,边=无

选择剪切边…

选择对象或 <全部选择>: 找到 1 个

选择对象:

选择要修剪的对象,或按住 Shift 键选择要延伸的对象,或

[栏选(F)/窗交(C)/投影(P)/边(E)/删除(R)/放弃(U)]:

命令: _line 指定第一点: _endp 于

指定下一点或 [放弃(U)]: _endp 于

指定下一点或 [放弃(U)]: *取消*

命令: _mirror

选择对象: 找到 1 个

选择对象:

指定镜像线的第一点: _int 于 指定镜像线的第二点:

要删除源对象吗? [是(Y)/否(N)] <N>:

命令: _trim
当前设置:投影=UCS，边=无
选择剪切边...
选择对象或 <全部选择>: 找到 1 个
选择对象:
选择要修剪的对象，或按住 Shift 键选择要延伸的对象，或
[栏选(F)/窗交(C)/投影(P)/边(E)/删除(R)/放弃(U)]:
命令: _trim
当前设置:投影=UCS，边=无
选择剪切边...
选择对象或 <全部选择>: 找到 1 个
选择对象:
选择要修剪的对象，或按住 Shift 键选择要延伸的对象，或
[栏选(F)/窗交(C)/投影(P)/边(E)/删除(R)/放弃(U)]: *取消*
命令: _.undo 当前设置: 自动 = 开，控制 = 全部，合并 = 是，图层 = 是
输入要放弃的操作数目或 [自动(A)/控制(C)/开始(BE)/结束(E)/标记(M)/后退(B)] <1>:
1 修剪 GROUP
命令: _undo 当前设置: 自动 = 开，控制 = 全部，合并 = 是，图层 = 是
输入要放弃的操作数目或 [自动(A)/控制(C)/开始(BE)/结束(E)/标记(M)/后退(B)] <1>:
1 INTELLIZOOM
命令: _undo 当前设置: 自动 = 开，控制 = 全部，合并 = 是，图层 = 是
输入要放弃的操作数目或 [自动(A)/控制(C)/开始(BE)/结束(E)/标记(M)/后退(B)] <1>:
1 修剪 GROUP
命令: *取消*
命令: _undo 当前设置: 自动 = 开，控制 = 全部，合并 = 是，图层 = 是
输入要放弃的操作数目或 [自动(A)/控制(C)/开始(BE)/结束(E)/标记(M)/后退(B)] <1>:
1 INTELLIZOOM
命令: _mirror
选择对象: 指定对角点: 找到 8 个
选择对象:
指定镜像线的第一点: _endp 于 指定镜像线的第二点:
要删除源对象吗? [是(Y)/否(N)] <N>:
命令: _trim
当前设置:投影=UCS，边=无
选择剪切边...
选择对象或 <全部选择>: 找到 1 个
选择对象: 找到 1 个，总计 2 个
选择对象:
选择要修剪的对象，或按住 Shift 键选择要延伸的对象，或
[栏选(F)/窗交(C)/投影(P)/边(E)/删除(R)/放弃(U)]:
命令: _erase 找到 2 个
命令: _line 指定第一点: _int 于
指定下一点或 [放弃(U)]:
命令: _line 指定第一点: @0,225
指定下一点或 [放弃(U)]:
命令: _circle 指定圆的圆心或 [三点(3P)/两点(2P)/切点、切点、半径(T)]: _int 于

指定圆的半径或 [直径(D)] <79.5000>: _int 于

** 拉伸 **

指定拉伸点或 [基点(B)/复制(C)/放弃(U)/退出(X)]:

命令: *取消*

命令: '_matchprop

选择源对象:

当前活动设置: 颜色 图层 线型 线型比例 线宽 厚度 打印样式 标注 文字 填充图案 多段线 视口 表格材质 阴影显示 多重引线

选择目标对象或 [设置(S)]:

命令: _trim

当前设置:投影=UCS,边=无

选择剪切边...

选择对象或 <全部选择>: 找到 1 个

选择对象:

选择要修剪的对象,或按住 Shift 键选择要延伸的对象,或

[栏选(F)/窗交(C)/投影(P)/边(E)/删除(R)/放弃(U)]:

命令: _trim

当前设置:投影=UCS,边=无

选择剪切边...

选择对象或 <全部选择>: 找到 1 个

选择对象:

选择要修剪的对象,或按住 Shift 键选择要延伸的对象,或

[栏选(F)/窗交(C)/投影(P)/边(E)/删除(R)/放弃(U)]:

命令: offset

当前设置: 删除源=否 图层=源 OFFSETGAPTYPE=0

指定偏移距离或 [通过(T)/删除(E)/图层(L)] <100.0000>: *取消*

自动保存到 C:\Users\任运根\appdata\local\temp\水力澄清池 -200_1_1_5724.sv$ ...

命令: _copy

选择对象: 找到 1 个

选择对象:

当前设置: 复制模式 = 多个

指定基点或 [位移(D)/模式(O)] <位移>: _cen 于 指定第二个点或 <使用第一个点作为位移>: _cen 于

指定第二个点或 [退出(E)/放弃(U)] <退出>:

命令: _mirror

选择对象: 找到 1 个

选择对象:

指定镜像线的第一点: _endp 于 指定镜像线的第二点:

要删除源对象吗? [是(Y)/否(N)] <N>: Y

命令: offset

当前设置: 删除源=否 图层=源 OFFSETGAPTYPE=0

指定偏移距离或 [通过(T)/删除(E)/图层(L)] <100.0000>: 200

选择要偏移的对象,或 [退出(E)/放弃(U)] <退出>:

指定要偏移的那一侧上的点,或 [退出(E)/多个(M)/放弃(U)] <退出>:

选择要偏移的对象,或 [退出(E)/放弃(U)] <退出>:

命令: _trim

当前设置:投影=UCS，边=无

选择剪切边...

选择对象或 <全部选择>: 找到 1 个

选择对象:

选择要修剪的对象，或按住 Shift 键选择要延伸的对象，或

[栏选(F)/窗交(C)/投影(P)/边(E)/删除(R)/放弃(U)]:

命令: _erase 找到 1 个

命令: 指定对角点:

命令: _erase 找到 3 个

命令: _mirror

选择对象:指定对角点:找到 21 个

选择对象:找到 1 个，总计 22 个

选择对象:找到 1 个，总计 23 个

选择对象:指定对角点:找到 6 个，总计 29 个

选择对象:

指定镜像线的第一点:_endp 于 指定镜像线的第二点:

要删除源对象吗? [是(Y)/否(N)] <N>:

命令: _trim

当前设置:投影=UCS，边=无

选择剪切边...

选择对象或 <全部选择>: 找到 1 个

选择对象:找到 1 个，总计 2 个

选择对象:找到 1 个，总计 3 个

选择对象:找到 1 个，总计 4 个

选择对象:

选择要修剪的对象，或按住 Shift 键选择要延伸的对象，或

[栏选(F)/窗交(C)/投影(P)/边(E)/删除(R)/放弃(U)]:

将做好的法兰、弯头等设置到管道附件层。

如图 6-16 所示。

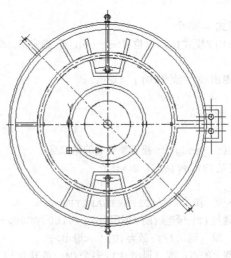

图 6-16　画管道

平面图差不多就算画好了，当然还有楼梯、走道板、栏杆等附属设施等，由于篇幅所限，留给读者自行完成。

⑱ 1—1 立面图。现在需要做的是表达进水管和排泥管以及安装的喷嘴、喉管喇叭罩、第一反应室，另外还有结构上的一些特征。

新建一图层，将图层命名为"1—1 立面图"，颜色为"6"号，其他默认，关闭"图层特性管理器"对话框。

a. 先做一条中心线。将"中心线"图层置于当前图层。

```
命令：_line 指定第一点：_endp 于
指定下一点或 [放弃(U)]：
指定下一点或 [放弃(U)]：
```

b. 做池壁。将"1—1 立面图"图层置于当前图层。

```
命令：_line 指定第一点：_endp 于
指定下一点或 [放弃(U)]：@-850,0
指定下一点或 [放弃(U)]：
命令：_line 指定第一点：_endp 于
指定下一点或 [放弃(U)]：
命令：_line 指定第一点：@0,7000
指定下一点或 [放弃(U)]：@-4650,0
指定下一点或 [放弃(U)]：
命令：_line 指定第一点：_endp 于
指定下一点或 [放弃(U)]：@0,-3200
指定下一点或 [放弃(U)]：_endp 于
指定下一点或 [闭合(C)/放弃(U)]：
```

以上做池子内壁一半，利用下面操作加上壁厚。

```
命令：_offset
当前设置：删除源=否　图层=源　OFFSETGAPTYPE=0
指定偏移距离或 [通过(T)/删除(E)/图层(L)] <200.0000>：250
选择要偏移的对象，或 [退出(E)/放弃(U)] <退出>：
```

池子底板厚度为 350mm，还是用"offset"命令做底板厚度。

```
命令：_offset
当前设置：删除源=否　图层=源　OFFSETGAPTYPE=0
指定偏移距离或 [通过(T)/删除(E)/图层(L)] <250.0000>：350
选择要偏移的对象，或 [退出(E)/放弃(U)] <退出>：
指定要偏移的那一侧上的点，或 [退出(E)/多个(M)/放弃(U)] <退出>：
选择要偏移的对象，或 [退出(E)/放弃(U)] <退出>：
```

这样，做好了池壁、底板。可以看到，竖向池壁与锥面还留有空隙，当然还考虑到结构专业，在锥体与竖筒做如下连接。

```
命令：_extend
当前设置：投影=UCS，边=无
```

选择边界的 边...
选择对象或 <全部选择>: 找到 1 个 (选择锥体外面的那根斜线)
选择对象: (选择竖筒内边)
选择要延伸的对象，或按住 Shift 键选择要修剪的对象，或
[栏选(F)/窗交(C)/投影(P)/边(E)/放弃(U)]:
选择要延伸的对象，或按住 Shift 键选择要修剪的对象，或
[栏选(F)/窗交(C)/投影(P)/边(E)/放弃(U)]:
命令: _line 指定第一点: _endp 于
指定下一点或 [放弃(U)]: _per 到
指定下一点或 [放弃(U)]:
命令: _extend
当前设置:投影=UCS，边=无
选择边界的 边...
选择对象或 <全部选择>: 找到 1 个
选择对象:
选择要延伸的对象，或按住 Shift 键选择要修剪的对象，或
[栏选(F)/窗交(C)/投影(P)/边(E)/放弃(U)]:

　　清除多余的线条，可以用"夹持点"进行编辑，也可以用"trim"命令进行编辑，选择要清除的部分。

命令: _trim
当前设置:投影=UCS，边=无
选择剪切边...
选择对象或 <全部选择>: 找到 1 个
选择对象: 找到 1 个，总计 2 个
选择对象: 找到 1 个，总计 3 个
选择对象:
选择要修剪的对象，或按住 Shift 键选择要延伸的对象，或
[栏选(F)/窗交(C)/投影(P)/边(E)/删除(R)/放弃(U)]:

　　将墙体上面的一条线画上。

命令: _line 指定第一点: _endp 于
指定下一点或 [放弃(U)]: _endp 于
指定下一点或 [放弃(U)]:

　　将锥体下底面与锥面连接。

命令: _chamfer
("修剪"模式) 当前倒角距离 1 = 0.0000，距离 2 = 0.0000
选择第一条直线或 [放弃(U)/多段线(P)/距离(D)/角度(A)/修剪(T)/方式(E)/多个(M)]:
选择第二条直线，或按住 Shift 键选择要应用角点的直线:

　　澄清池竖筒和锥体（实际上是个掏空了的圆台）是应是对称的，那么现在用"_mirror"命令将澄清池外围部分作好。用夹持点将中心线长度调整调整。

命令: _mirror

选择对象：指定对角点：找到 4 个

选择对象：指定对角点：找到 5 个 (2 个重复)，总计 7 个

选择对象：指定对角点：找到 2 个，总计 9 个

选择对象：

指定镜像线的第一点：_endp 于 指定镜像线的第二点：

要删除源对象吗？[是(Y)/否(N)] <N>：

如图 6-17 所示。

c. 绘制第一反应室池壁和柱子。现在做第二反应室的池壁和柱子。能见到两个柱子。一个柱子剖到了，一个柱子有重合的部分。做辅助投影，假设平面图切掉其他，做转换如图 6-18 所示。

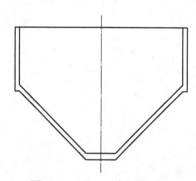 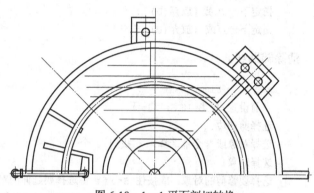

图 6-17 画 1—1 剖面池壁　　　　图 6-18 1—1 平面剖切转换

其中虚线表示重合的部分。

将刚才做好的池体复制到转换的图下面。将当前图层置于"1—1 立面"图层，先做有剖切的部分。

命令：_copy

选择对象：指定对角点：找到 19 个

选择对象：

当前设置： 复制模式 = 多个

指定基点或 [位移(D)/模式(O)] <位移>：_endp 于 指定第二个点或 <使用第一个点作为位移>：_per 到

指定第二个点或 [退出(E)/放弃(U)] <退出>：

做柱子和第二反应室的池壁投影。

命令：_line 指定第一点：_endp 于

指定下一点或 [放弃(U)]：

指定下一点或 [放弃(U)]：

命令：_line 指定第一点：_endp 于

指定下一点或 [放弃(U)]：

指定下一点或 [放弃(U)]：

命令：_line 指定第一点：_endp 于

指定下一点或 [放弃(U)]：

指定下一点或 [放弃(U)]：

命令：_line 指定第一点：_endp 于
指定下一点或 [放弃(U)]：
指定下一点或 [放弃(U)]：

柱子比柱体上平面高 500mm。做柱子顶面辅助线。

命令：_line 指定第一点：_endp 于
指定下一点或 [放弃(U)]：_endp 于
指定下一点或 [放弃(U)]：
命令：_line 指定第一点：_int 于
指定下一点或 [放弃(U)]：
命令：_line 指定第一点：@0,500
指定下一点或 [放弃(U)]：
指定下一点或 [放弃(U)]：

清除辅助线。

命令：_trim
当前设置:投影=UCS，边=无
选择剪切边...
选择对象或 <全部选择>：找到 1 个
选择对象：
选择要修剪的对象，或按住 Shift 键选择要延伸的对象，或
[栏选(F)/窗交(C)/投影(P)/边(E)/删除(R)/放弃(U)]： 指定对角点：
命令：_trim
当前设置:投影=UCS，边=无
选择剪切边...
选择对象或 <全部选择>：找到 1 个
选择对象：找到 1 个，总计 2 个
选择对象：
选择要修剪的对象，或按住 Shift 键选择要延伸的对象，或
[栏选(F)/窗交(C)/投影(P)/边(E)/删除(R)/放弃(U)]：
命令：_trim
当前设置:投影=UCS，边=无
选择剪切边...
选择对象或 <全部选择>：找到 1 个
选择对象：
选择要修剪的对象，或按住 Shift 键选择要延伸的对象，或
[栏选(F)/窗交(C)/投影(P)/边(E)/删除(R)/放弃(U)]：
命令：_trim
当前设置:投影=UCS，边=无
选择剪切边...
选择对象或 <全部选择>：找到 1 个
选择对象：
选择要修剪的对象，或按住 Shift 键选择要延伸的对象，或
[栏选(F)/窗交(C)/投影(P)/边(E)/删除(R)/放弃(U)]：

```
命令：_trim
当前设置:投影=UCS，边=无
选择剪切边...
选择对象或 <全部选择>： 找到 1 个
选择对象：
选择要修剪的对象，或按住 Shift 键选择要延伸的对象，或
[栏选(F)/窗交(C)/投影(P)/边(E)/删除(R)/放弃(U)]： 指定对角点：
选择要修剪的对象，或按住 Shift 键选择要延伸的对象，或
[栏选(F)/窗交(C)/投影(P)/边(E)/删除(R)/放弃(U)]：
```

做第二反应室池壁，同样是剖切到的部分。

```
命令：_line 指定第一点：_endp 于
指定下一点或 [放弃(U)]：
命令：_line 指定第一点：@0,2920
指定下一点或 [放弃(U)]：_per 到
指定下一点或 [放弃(U)]：_per 到
指定下一点或 [闭合(C)/放弃(U)]：_per 到
指定下一点或 [闭合(C)/放弃(U)]：
```

清除辅助线。

```
命令：_trim
当前设置:投影=UCS，边=无
选择剪切边...
选择对象或 <全部选择>： 找到 1 个
选择对象：找到 1 个，总计 2 个
选择对象：
选择要修剪的对象，或按住 Shift 键选择要延伸的对象，或
[栏选(F)/窗交(C)/投影(P)/边(E)/删除(R)/放弃(U)]： 指定对角点：
命令：_trim
当前设置:投影=UCS，边=无
选择剪切边...
选择对象或 <全部选择>： 找到 1 个
选择对象：找到 1 个，总计 2 个
选择对象：
选择要修剪的对象，或按住 Shift 键选择要延伸的对象，或
[栏选(F)/窗交(C)/投影(P)/边(E)/删除(R)/放弃(U)]：
```

做可以见到的柱子。

新建图层“1—1 立面-01”，颜色“8”，其他默认。这个图层表示 1—1 立面可见的部分，出图的时候用细实线。

做可见柱子的投影。

```
命令：_line 指定第一点：_endp 于
指定下一点或 [放弃(U)]：
指定下一点或 [放弃(U)]：
```

命令：_line 指定第一点：_endp 于
指定下一点或 [放弃(U)]：
指定下一点或 [放弃(U)]：
命令：_line 指定第一点：_endp 于
指定下一点或 [放弃(U)]：
指定下一点或 [放弃(U)]：

做辅助线。

命令：_line 指定第一点：_endp 于
指定下一点或 [放弃(U)]：
命令：_line 指定第一点：_endp 于
指定下一点或 [放弃(U)]：
指定下一点或 [放弃(U)]：
命令：_line 指定第一点：_int 于
指定下一点或 [放弃(U)]：_int 于
指定下一点或 [放弃(U)]：

清除部分线条。

命令：_trim
当前设置：投影=UCS，边=无
选择剪切边...
选择对象或 <全部选择>： 找到 1 个
选择对象：
选择要修剪的对象，或按住 Shift 键选择要延伸的对象，或
[栏选(F)/窗交(C)/投影(P)/边(E)/删除(R)/放弃(U)]： 指定对角点：
命令：_trim
当前设置：投影=UCS，边=无
选择剪切边...
选择对象或 <全部选择>： 找到 1 个
选择对象：找到 1 个，总计 2 个
选择对象：找到 1 个，总计 3 个
选择对象：
选择要修剪的对象，或按住 Shift 键选择要延伸的对象，或
[栏选(F)/窗交(C)/投影(P)/边(E)/删除(R)/放弃(U)]：
命令：_trim
当前设置：投影=UCS，边=无
选择剪切边...
选择对象或 <全部选择>： 找到 1 个
选择对象：找到 1 个，总计 2 个
选择对象：
选择要修剪的对象，或按住 Shift 键选择要延伸的对象，或
[栏选(F)/窗交(C)/投影(P)/边(E)/删除(R)/放弃(U)]：
命令：_erase 找到 1 个
命令：_trim

```
当前设置:投影=UCS，边=无
选择剪切边...
选择对象或 <全部选择>： 找到 1 个
选择对象：找到 1 个，总计 2 个
选择对象:
选择要修剪的对象，或按住 Shift 键选择要延伸的对象，或
[栏选(F)/窗交(C)/投影(P)/边(E)/删除(R)/放弃(U)]：
选择要修剪的对象，或按住 Shift 键选择要延伸的对象，或
命令： _trim
当前设置:投影=UCS，边=无
选择剪切边...
选择对象或 <全部选择>： 找到 1 个
选择对象：找到 1 个，总计 2 个
选择对象:
选择要修剪的对象，或按住 Shift 键选择要延伸的对象，或
[栏选(F)/窗交(C)/投影(P)/边(E)/删除(R)/放弃(U)]：
```

将出图时要用细实线的转到"1—1 立面-01"图层。如图 6-19 所示。

d．绘制牛腿。牛腿是可见的，故将当前图层设置为"1—1 立面-01"图层。
做牛腿投影。

```
命令： _line 指定第一点： _endp 于
指定下一点或 [放弃(U)]：
指定下一点或 [放弃(U)]：
命令： _line 指定第一点： _endp 于
指定下一点或 [放弃(U)]：
指定下一点或 [放弃(U)]：
```

确定牛腿上顶面标高。牛腿上顶面离池顶面 580mm。

```
命令： _line 指定第一点： @0,-580
指定下一点或 [放弃(U)]：
命令： _line 指定第一点： _int 于
指定下一点或 [放弃(U)]： @0,-200
指定下一点或 [放弃(U)]：
命令： _line 指定第一点： _int 于
指定下一点或 [放弃(U)]： @0,-150
指定下一点或 [放弃(U)]： _endp 于
指定下一点或 [闭合(C)/放弃(U)]：
命令： _line 指定第一点： _endp 于
指定下一点或 [放弃(U)]： _endp 于
指定下一点或 [放弃(U)]：
```

清除多余的线条。

按上述方法做另一条牛腿。如图 6-20 所示。

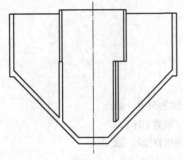 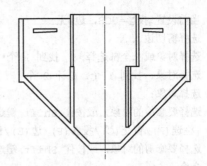

图 6-19　绘制 1—1 立面-01 图层　　　　图 6-20　绘制 1—1 立面中的牛腿

e．绘制污泥斗。污泥斗底离池底 1950mm。将当前图层置于"1—1 立面"图层。
做投影和定位。

```
命令：_line 指定第一点：_endp 于
指定下一点或 [放弃(U)]：
指定下一点或 [放弃(U)]：
命令：_line 指定第一点：_endp 于
指定下一点或 [放弃(U)]：
指定下一点或 [放弃(U)]：
命令：_line 指定第一点：_endp 于
指定下一点或 [放弃(U)]：
命令：_line 指定第一点：_int 于
指定下一点或 [放弃(U)]：_per 到
指定下一点或 [放弃(U)]：_per 到
指定下一点或 [闭合(C)/放弃(U)]：
命令：_line 指定第一点：_endp 于
指定下一点或 [放弃(U)]：
命令：
命令：_line 指定第一点：@0,1950
指定下一点或 [放弃(U)]：
```

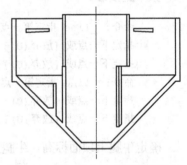

图 6-21　绘制 1—1 立面中的泥斗

清除多余的线条。如图 6-21 所示。

f．安装第一反应室。第一反应室锥体部分 D2300mm×400mm，高 3800mm，直筒部分
D400mm，高 400mm，用 6mm 钢板卷制。第一反应室锥体上顶面离池顶 800mm。
绘制锥体。

```
命令：_line 指定第一点：_endp 于
指定下一点或 [放弃(U)]：
命令：_line 指定第一点：@0,-800
指定下一点或 [放弃(U)]：_per 到
指定下一点或 [放弃(U)]：
命令：_line 指定第一点：_int 于
指定下一点或 [放弃(U)]：
命令：_line 指定第一点：@1150,0
指定下一点或 [放弃(U)]：@0,-3800
指定下一点或 [放弃(U)]：_per 到
```

```
指定下一点或 [闭合(C)/放弃(U)]:
命令: _line 指定第一点: _int 于
指定下一点或 [放弃(U)]: @200,0
指定下一点或 [放弃(U)]: _int 于
指定下一点或 [闭合(C)/放弃(U)]: _int 于
指定下一点或 [闭合(C)/放弃(U)]:
```

绘制直筒。

```
命令: _line 指定第一点: _endp 于
指定下一点或 [放弃(U)]: @0,-400
指定下一点或 [放弃(U)]: _per 到
指定下一点或 [闭合(C)/放弃(U)]:
```

清除多余的线条。

绘制第一反应室壁厚。

```
命令: offset
当前设置: 删除源=否　图层=源　OFFSETGAPTYPE=0
指定偏移距离或 [通过(T)/删除(E)/图层(L)] <通过>: 6
选择要偏移的对象, 或 [退出(E)/放弃(U)] <退出>:
指定要偏移的那一侧上的点, 或 [退出(E)/多个(M)/放弃(U)] <退出>:
选择要偏移的对象, 或 [退出(E)/放弃(U)] <退出>:
命令: _line 指定第一点: _endp 于
指定下一点或 [放弃(U)]: _per 到
指定下一点或 [放弃(U)]:
命令: _line 指定第一点: _endp 于
指定下一点或 [放弃(U)]: _endp 于
指定下一点或 [放弃(U)]:
命令: _chamfer
("修剪"模式) 当前倒角距离 1 = 0.0000, 距离 2 = 0.0000
选择第一条直线或 [放弃(U)/多段线(P)/距离(D)/角度(A)/修剪(T)/方式(E)/多个(M)]:
选择第二条直线, 或按住 Shift 键选择要应用角点的直线:
```

用 "_mirror" 命令做好第一反应室。

```
命令: _mirror
选择对象: 指定对角点: 找到 4 个
选择对象: 指定对角点: 找到 5 个, 总计 9 个
选择对象:
指定镜像线的第一点: _endp 于 指定镜像线的第二点:
要删除源对象吗? [是(Y)/否(N)] <N>:
```

　　g. 安装喉管喇叭罩。喉管喇叭直筒部分 D350mm, 高 1400mm, 罩锥体 D700mm×350mm, 高 175mm, 直筒部分 D700mm, 高 350mm, 用 6mm 钢板卷制。直筒 D700mm, 底面离池底 275mm。

```
命令: _line 指定第一点: _int 于
```

指定下一点或 [放弃(U)]:
命令: _line 指定第一点: @0,275
指定下一点或 [放弃(U)]: @350,0
指定下一点或 [放弃(U)]: @0,350
指定下一点或 [闭合(C)/放弃(U)]: @0,175
指定下一点或 [闭合(C)/放弃(U)]: _per 到
指定下一点或 [闭合(C)/放弃(U)]:
命令: _line 指定第一点: _endp 于
指定下一点或 [放弃(U)]:
命令: _line 指定第一点: @175,0
指定下一点或 [放弃(U)]: _endp 于
指定下一点或 [放弃(U)]:
命令: _line 指定第一点: _endp 于
指定下一点或 [放弃(U)]: @0,1400
指定下一点或 [放弃(U)]: _per 到
指定下一点或 [闭合(C)/放弃(U)]:

清除多余的线条。
做壁厚。

命令: _offset
当前设置: 删除源=否　图层=源　OFFSETGAPTYPE=0
指定偏移距离或 [通过(T)/删除(E)/图层(L)] <通过>: 6
选择要偏移的对象, 或 [退出(E)/放弃(U)] <退出>:
指定要偏移的那一侧上的点, 或 [退出(E)/多个(M)/放弃(U)] <退出>:
选择要偏移的对象, 或 [退出(E)/放弃(U)] <退出>:

连接各点。

命令: _line 指定第一点: _endp 于
指定下一点或 [放弃(U)]: _endp 于
指定下一点或 [放弃(U)]:
命令: _line 指定第一点: _endp 于
指定下一点或 [放弃(U)]: _endp 于
指定下一点或 [放弃(U)]:

清除多余的线条。

命令: _chamfer
("修剪"模式) 当前倒角距离 1 = 0.0000, 距离 2 = 0.0000
选择第一条直线或 [放弃(U)/多段线(P)/距离(D)/角度(A)/修剪(T)/方式(E)/多个(M)]:
选择第二条直线, 或按住 Shift 键选择要应用角点的直线:
命令: _trim
当前设置:投影=UCS, 边=无
选择剪切边...
选择对象或 <全部选择>: 找到 1 个
选择对象:

用"_mirror"命令做好第一反应室。

```
命令：_mirror
选择对象：指定对角点：找到 4 个
选择对象：指定对角点：找到 5 个，总计 9 个
选择对象：
指定镜像线的第一点：_endp 于指定镜像线的第二点：
要删除源对象吗？[是(Y)/否(N)] <N>：
```

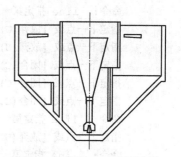

图 6-22　绘制 1—1 立面中的
第一反应室

如图 6-22 所示。

h．安装喷嘴。喷嘴带法兰安装。直筒部分 D250mm，
高 35mm，罩锥体 D250mm，高 335mm，直筒部分 D100mm，
高 80mm，用 6mm 钢板卷制。直筒法兰底面离池底 150mm。

将当前图层置于"管道附件"图层，做钢制法兰。已知法兰壁厚 18mm，顶面直径 320mm，
法兰直径 390mm，管道焊接到法兰顶面的距离为 7mm。

```
命令：_line 指定第一点：_int 于
指定下一点或 [放弃(U)]：
命令：_line 指定第一点：@0,150
指定下一点或 [放弃(U)]：@160,0
指定下一点或 [放弃(U)]：
命令：_line 指定第一点：_endp 于
指定下一点或 [放弃(U)]：
命令：_line 指定第一点：@0,2
指定下一点或 [放弃(U)]：@195,0
指定下一点或 [放弃(U)]：@0,16
指定下一点或 [闭合(C)/放弃(U)]：_per 到
指定下一点或 [闭合(C)/放弃(U)]：
命令：_line 指定第一点：_endp 于
指定下一点或 [放弃(U)]：@3<45
指定下一点或 [放弃(U)]：
命令：_trim
当前设置:投影=UCS，边=无
选择剪切边...
选择对象或 <全部选择>：找到 1 个
选择对象：
选择要修剪的对象，或按住 Shift 键选择要延伸的对象，或
[栏选(F)/窗交(C)/投影(P)/边(E)/删除(R)/放弃(U)]：
命令：_mirror
选择对象：指定对角点：找到 5 个
选择对象：
指定镜像线的第一点：_endp 于 指定镜像线的第二点：
要删除源对象吗？[是(Y)/否(N)] <N>：
```

将当前图层置于"第一反应室"图层。做喷嘴。

```
命令：_line 指定第一点：_int 于
指定下一点或 [放弃(U)]：
```

```
命令: _line 指定第一点: @0,7
指定下一点或 [放弃(U)]: @125,0
指定下一点或 [放弃(U)]: @0,35
指定下一点或 [闭合(C)/放弃(U)]: @0,335
指定下一点或 [闭合(C)/放弃(U)]: _per 到
指定下一点或 [闭合(C)/放弃(U)]:
命令: _line 指定第一点: _endp 于
指定下一点或 [放弃(U)]:
命令: _line 指定第一点: @50,0
指定下一点或 [放弃(U)]: @0,80
指定下一点或 [放弃(U)]: _per 到
指定下一点或 [闭合(C)/放弃(U)]:
命令: _line 指定第一点: _endp 于
指定下一点或 [放弃(U)]: _endp 于
指定下一点或 [放弃(U)]:
```

清除多余的线条。做壁厚，再通过 mirror 命令做完喷嘴。

i. 安装进水管。先将连接法兰通过 "_mirror" 命令做好。将当前图层置于 "管道" 图层。
做钢制防水套管。

```
命令: _line 指定第一点: _endp 于
指定下一点或 [放弃(U)]: _per 到
指定下一点或 [放弃(U)]: _per 到
指定下一点或 [闭合(C)/放弃(U)]:
命令: _line 指定第一点: _endp 于
指定下一点或 [放弃(U)]: _per 到
指定下一点或 [放弃(U)]: _per 到
指定下一点或 [闭合(C)/放弃(U)]:
命令: _line 指定第一点: _mid 于
指定下一点或 [放弃(U)]:
指定下一点或 [放弃(U)]:
命令: _line 指定第一点: _mid 于
指定下一点或 [放弃(U)]:
指定下一点或 [放弃(U)]:
```

做 DN250 的弯头。定弯头圆心。

```
命令: _line 指定第一点: _appint 于 和
指定下一点或 [放弃(U)]:
命令: _line 指定第一点: @375,0
指定下一点或 [放弃(U)]: @0,-375
指定下一点或 [放弃(U)]:
命令: _line 指定第一点: _endp 于
指定下一点或 [放弃(U)]:
指定下一点或 [放弃(U)]:
命令: _circle 指定圆的圆心或 [三点(3P)/两点(2P)/切点、切点、半径(T)]: _endp 于
指定圆的半径或 [直径(D)]: _per 到
```

命令: _circle 指定圆的圆心或 [三点(3P)/两点(2P)/切点、切点、半径(T)]: _endp 于
指定圆的半径或 [直径(D)] <506.0000>: _per 到
命令: _circle 指定圆的圆心或 [三点(3P)/两点(2P)/切点、切点、半径(T)]: _endp 于
指定圆的半径或 [直径(D)] <375.0000>: _per 到
命令: _trim
当前设置:投影=UCS,边=无
选择剪切边...
选择对象或 <全部选择>: 找到 1 个
选择对象: 找到 1 个,总计 2 个
选择对象:
选择要修剪的对象,或按住 Shift 键选择要延伸的对象,或
[栏选(F)/窗交(C)/投影(P)/边(E)/删除(R)/放弃(U)]: 指定对角点:
对象未与边相交。
选择要修剪的对象,或按住 Shift 键选择要延伸的对象,或
[栏选(F)/窗交(C)/投影(P)/边(E)/删除(R)/放弃(U)]:
** 拉伸 **
指定拉伸点或 [基点(B)/复制(C)/放弃(U)/退出(X)]:
命令: *取消*
命令: _trim
当前设置:投影=UCS,边=无
选择剪切边...
选择对象或 <全部选择>: 找到 1 个
选择对象:
选择要修剪的对象,或按住 Shift 键选择要延伸的对象,或
[栏选(F)/窗交(C)/投影(P)/边(E)/删除(R)/放弃(U)]: 指定对角点:
圆必须相交两次。
选择要修剪的对象,或按住 Shift 键选择要延伸的对象,或
[栏选(F)/窗交(C)/投影(P)/边(E)/删除(R)/放弃(U)]: *取消*
命令: _trim
当前设置:投影=UCS,边=无
选择剪切边...
选择对象或 <全部选择>: 找到 1 个
选择对象: 找到 1 个,总计 2 个
选择对象:
选择要修剪的对象,或按住 Shift 键选择要延伸的对象,或
[栏选(F)/窗交(C)/投影(P)/边(E)/删除(R)/放弃(U)]: 指定对角点:
圆必须相交两次。
选择要修剪的对象,或按住 Shift 键选择要延伸的对象,或
[栏选(F)/窗交(C)/投影(P)/边(E)/删除(R)/放弃(U)]: *取消*
命令: _trim
当前设置:投影=UCS,边=无
选择剪切边...
选择对象或 <全部选择>: 找到 1 个
选择对象: 找到 1 个,总计 2 个
选择对象:
选择要修剪的对象,或按住 Shift 键选择要延伸的对象,或

[栏选(F)/窗交(C)/投影(P)/边(E)/删除(R)/放弃(U)]:
命令: _trim
当前设置:投影=UCS,边=无
选择剪切边...
选择对象或 <全部选择>: 找到 1 个
选择对象: 找到 1 个,总计 2 个
选择对象: 找到 1 个,总计 3 个
选择对象:
选择要修剪的对象,或按住 Shift 键选择要延伸的对象,或
[栏选(F)/窗交(C)/投影(P)/边(E)/删除(R)/放弃(U)]:
命令: _erase 找到 1 个
命令: _line 指定第一点: _endp 于
指定下一点或 [放弃(U)]: _endp 于
指定下一点或 [放弃(U)]:
命令: '_matchprop
选择源对象:
当前活动设置: 颜色 图层 线型 线型比例 线宽 厚度 打印样式 标注 文字 填充图案 多段线
视口 表格材质 阴影显示 多重引线
选择目标对象或 [设置(S)]:
命令: '_matchprop
选择源对象:
当前活动设置: 颜色 图层 线型 线型比例 线宽 厚度 打印样式 标注 文字 填充图案 多段线
视口 表格材质 阴影显示 多重引线
选择目标对象或 [设置(S)]:指定对角点:
选择目标对象或 [设置(S)]:

将弯头转换到"管道附件"层中。

用直线画管道,用椭圆画管道截断线。

j. 安装泥管。如上方法,绘制排泥管。最后如图 6-23 所示。

k. 安装集水槽。

命令: _line 指定第一点: _endp 于
指定下一点或 [放弃(U)]:
指定下一点或 [放弃(U)]:
命令: _line 指定第一点: _endp 于
指定下一点或 [放弃(U)]:
指定下一点或 [放弃(U)]:
命令: _line 指定第一点: _endp 于
指定下一点或 [放弃(U)]:
指定下一点或 [放弃(U)]:
命令: _line 指定第一点: _endp 于
指定下一点或 [放弃(U)]:
指定下一点或 [放弃(U)]:
命令: _line 指定第一点: _endp 于
指定下一点或 [放弃(U)]:
指定下一点或 [放弃(U)]:

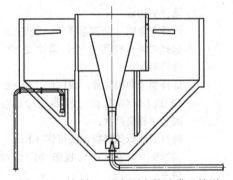

图 6-23 绘制 1—1 立面中的喷嘴及管道

命令: _line 指定第一点: _endp 于
指定下一点或 [放弃(U)]:
指定下一点或 [放弃(U)]:
命令: _line 指定第一点: _endp 于
指定下一点或 [放弃(U)]:
命令: _line 指定第一点: @0,480
指定下一点或 [放弃(U)]: _per 到
指定下一点或 [放弃(U)]: _per 到
指定下一点或 [闭合(C)/放弃(U)]:
命令: _extend
当前设置:投影=UCS,边=无
选择边界的边...
选择对象或 <全部选择>: 找到 1 个
选择对象:
选择要延伸的对象,或按住 Shift 键选择要修剪的对象,或
[栏选(F)/窗交(C)/投影(P)/边(E)/放弃(U)]:
命令: _line 指定第一点: _endp 于
指定下一点或 [放弃(U)]: _per 到
指定下一点或 [放弃(U)]:
命令: _trim
当前设置:投影=UCS,边=无
选择剪切边...
选择对象或 <全部选择>: 找到 1 个
选择对象: 找到 1 个, 总计 2 个
选择对象: 找到 1 个, 总计 3 个
选择对象:
选择要修剪的对象,或按住 Shift 键选择要延伸的对象,或
[栏选(F)/窗交(C)/投影(P)/边(E)/删除(R)/放弃(U)]: 指定对角点:
选择要修剪的对象,或按住 Shift 键选择要延伸的对象,或
[栏选(F)/窗交(C)/投影(P)/边(E)/删除(R)/放弃(U)]:
命令: _line 指定第一点: _endp 于
指定下一点或 [放弃(U)]: _per 到
指定下一点或 [放弃(U)]:
命令: _offset
当前设置: 删除源=否 图层=源 OFFSETGAPTYPE=0
指定偏移距离或 [通过(T)/删除(E)/图层(L)] <通过>: 6
选择要偏移的对象,或 [退出(E)/放弃(U)] <退出>:
指定要偏移的那一侧上的点,或 [退出(E)/多个(M)/放弃(U)] <退出>:
选择要偏移的对象,或 [退出(E)/放弃(U)] <退出>:
命令:
** 拉伸 **
指定拉伸点或 [基点(B)/复制(C)/放弃(U)/退出(X)]: _per 到
命令: _line 指定第一点: _endp 于
指定下一点或 [放弃(U)]: _per 到
指定下一点或 [放弃(U)]:
命令: _trim

当前设置:投影=UCS，边=无

选择剪切边...

选择对象或 <全部选择>： 找到 1 个

选择对象：找到 1 个，总计 2 个

选择对象：

选择要修剪的对象，或按住 Shift 键选择要延伸的对象，或

[栏选(F)/窗交(C)/投影(P)/边(E)/删除(R)/放弃(U)]：

命令： _trim

当前设置:投影=UCS，边=无

选择剪切边...

选择对象或 <全部选择>： 找到 1 个

选择对象：

选择要修剪的对象，或按住 Shift 键选择要延伸的对象，或

[栏选(F)/窗交(C)/投影(P)/边(E)/删除(R)/放弃(U)]：

命令： '_matchprop

选择源对象：

当前活动设置： 颜色 图层 线型 线型比例 线宽 厚度 打印样式 标注 文字 填充图案 多段线 视口 表格材质 阴影显示 多重引线

选择目标对象或 [设置(S)]：

选择目标对象或 [设置(S)]：

命令： _offset

当前设置：删除源=否　图层=源　OFFSETGAPTYPE=0

指定偏移距离或 [通过(T)/删除(E)/图层(L)] <6.0000>： 6

选择要偏移的对象，或 [退出(E)/放弃(U)] <退出>：

指定要偏移的那一侧上的点，或 [退出(E)/多个(M)/放弃(U)] <退出>：

选择要偏移的对象，或 [退出(E)/放弃(U)] <退出>：

命令： _line 指定第一点： _endp 于

指定下一点或 [放弃(U)]： _per 到

指定下一点或 [放弃(U)]：

命令： _extend

当前设置:投影=UCS，边=无

选择边界的边...

选择对象或 <全部选择>： 找到 1 个

选择对象：

选择要延伸的对象，或按住 Shift 键选择要修剪的对象，或

[栏选(F)/窗交(C)/投影(P)/边(E)/放弃(U)]：

命令： _trim

当前设置:投影=UCS，边=无

选择剪切边...

选择对象或 <全部选择>： 找到 1 个

选择对象：找到 1 个，总计 2 个

选择对象：

选择要修剪的对象，或按住 Shift 键选择要延伸的对象，或

[栏选(F)/窗交(C)/投影(P)/边(E)/删除(R)/放弃(U)]：

** 拉伸 **

指定拉伸点或 [基点(B)/复制(C)/放弃(U)/退出(X)]：

命令：*取消*

命令：'_matchprop

选择源对象：

当前活动设置： 颜色 图层 线型 线型比例 线宽 厚度 打印样式 标注 文字 填充图案 多段线
视口 表格材质 阴影显示 多重引线

选择目标对象或 [设置(S)]：

选择目标对象或 [设置(S)]：

命令：_erase 找到 1 个

用格式刷将实线刷成中心线。

命令：'_matchprop

选择源对象：

当前活动设置： 颜色 图层 线型 线型比例 线宽 厚度 打印样式 标注 文字 填充图案 多段线
视口 表格材质 阴影显示 多重引线

选择目标对象或 [设置(S)]：

用复制的方法把刚才画好的集水槽复制到左边。

命令：_line 指定第一点：_endp 于

指定下一点或 [放弃(U)]：

命令：_copy

选择对象：指定对角点：找到 2 个

选择对象：找到 1 个，总计 3 个

选择对象：指定对角点：找到 1 个，总计 4 个

选择对象：指定对角点：找到 4 个 (1 个重复)，总计 7 个

选择对象：指定对角点：找到 1 个，总计 8 个

选择对象：指定对角点：找到 2 个，总计 10 个

选择对象：

当前设置： 复制模式 = 多个

指定基点或 [位移(D)/模式(O)] <位移>：_endp 于 指定第二个点或 <使用第一个点作为位
移>：_per 到

指定第二个点或 [退出(E)/放弃(U)] <退出>：

命令：指定对角点：

删掉做的辅助线。

命令：_erase 找到 1 个

将能看到的集水槽轮廓线画好，将当前图层设置成
"1—1 立面-01" 图层。

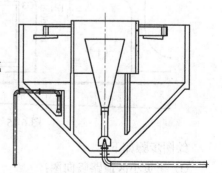

命令：_line 指定第一点：_endp 于

指定下一点或 [放弃(U)]：_per 到

指定下一点或 [放弃(U)]：

如图 6-24 所示。

墙体进行图案填充、注释和尺寸标注略。

图 6-24　绘制 1—1 立面中的集水槽

6.2.2 室外管线平面绘制

一般给排水管道可用线段表示，有时便于检查也可用多段线（pline）命令做给水管、消防管、污水管、雨水管，有时为了方便快捷，绘图时先用线段绘制完成，然后将线段转化成多段线。

【实例】某工业企业厂前生活区需要设计室外给水管道工程，水源来自厂区水泵房，小区建筑给水排水设计已经完成，接入管位置已经确定，道路竖向已经规划完成，需要以此条件绘制管线图，成果如图 6-25 所示。

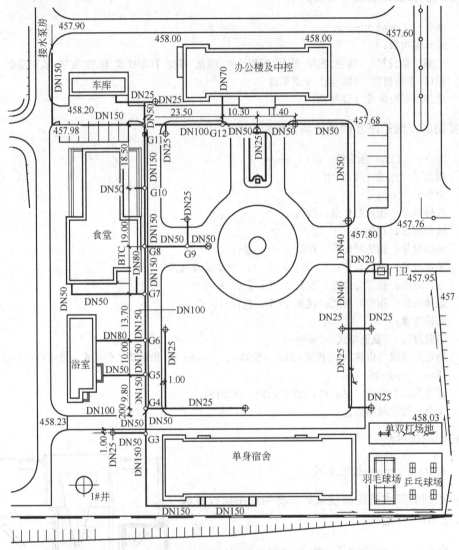

图 6-25　画小区室外给水管线平面图

绘图步骤如下。

① 拷贝小区道路竖向图；

② 用"layer"命令做条件底图图层和管线图层；

③ 在地形图上利用圆心定位法绘出个管道节点（阀门井、水表井、室外给水栓等）进

行坐标定位、利用"平行复制"命令进行建筑给水管定位；

④ 用"pline"命令绘制管道（也可采用用"line"命令绘制线段，再用"pedite"命令进行多段线转化），管道节点为各转弯节点，绘制管线时将"捕捉开关"打开进行圆心捕捉；

⑤ 管道标注及整理。

【实例】某工业企业厂前生活区需要设计排水管道工程，小区建筑给水排水设计已经完成，排出管位置已经确定，道路竖向已经规划完成，需要以此条件绘制排水管线图，成果如图 6-26 所示。

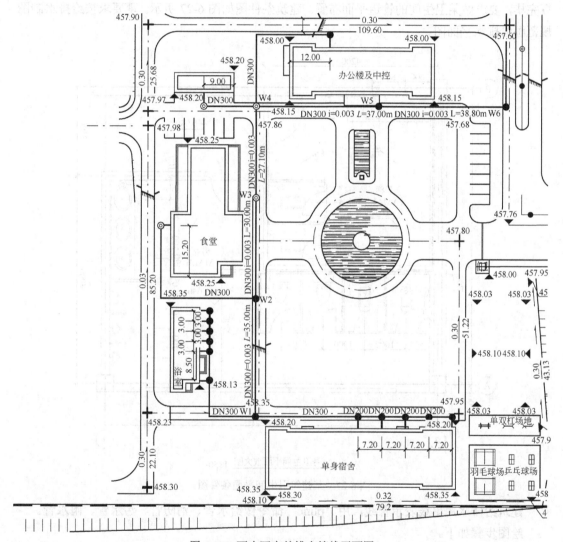

图 6-26　画小区室外排水管线平面图

绘图步骤如下。

① 拷贝小区道路竖向图；

② 用"layer"命令做条件底图图层和管线图层；

③ 在地形图上利用圆心定位法绘出个管道节点（检查井）进行坐标定位、利用"平行

复制"命令进行建筑排水水管定位;

④ 用"pline"命令绘制管道(也可采用用"line"命令绘制线段,再用"pedite"命令进行多段线转化),管道节点为各转弯节点,绘制管线时将"捕捉开关"打开进行圆心捕捉;

⑤ 管道标注及整理。

6.2.3 建筑给水排水工程图绘制

(1)室内卫生间大样图绘制   某工厂有办公用房两层,两层都设有卫生间,各管段已计算完毕,要求做某卫生间的管道平面布置。建筑条件图如图 6-27 所示。现要求按给排水制图规范画给排水平面图。

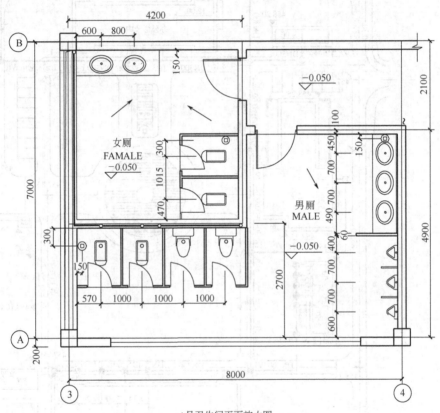

图 6-27　某建筑卫生间平面条件图

建筑给排水用单线表示管线,用"pline"命令做给水管、消防管、污水管、雨水管。

绘图步骤如下。

① 拷贝卫生间平面条件图作为工作底图。

② 画给水管道。

新建"J"图层。颜色为"绿"色。其他默认。

用"pline"命令画给水管,设置多段线的起始段线宽和终止段线宽及全局线宽为"50";用"circle"命令画立管;插入水表井及管道附件、阀门等图块。

成果图见图 6-27。

③ 画排水管道。

新建"P"图层。颜色为"青"色。线型为"dashed"，其他默认。

用"pline"命令画污水管，设置多段线的起始段线宽和终止段线宽及全局线宽为"50"；用"circle"命令画立管和地漏。

所完成的管道平面图如图 6-28 所示。

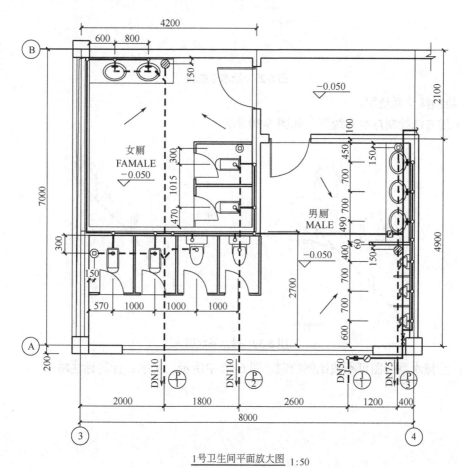

1号卫生间平面放大图　1:50

图 6-28　建筑卫生间给水排水平面布置示意图

（2）建筑给水排水系统图绘制　根据上述卫生间给水排水平面要求按给排水制图规范画给排水系统图。

绘图步骤如下。

① 绘制给水系统图。

a. 新建图层"J"，且置该图层为当前图层。

b. 用"pline"命令画管道，设置多段线的起始线宽度为"40"，终止线宽度为"40"，全局宽度为"40"。

按平面图所示画出水表、阀门、水龙头等，如图 6-29 所示。文字、标高标注略。

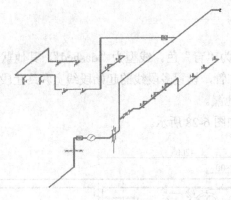

图 6-29　给水系统图

② 绘制排水系统图。

按上述方法绘制排水系统图。如图 6-30 所示。

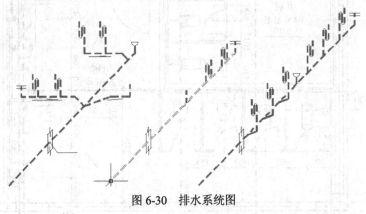

图 6-30　排水系统图

注：给排水系统图可不按比例绘制。图 6-30 中所示。文字、标高标注略。

第⑦章

给水排水工程
三维绘图

AutoCAD 利用线架模型、曲面模型和实体模型 3 种方式创建三维图形。线架模型为一种轮廓模型，由三维的直线和曲线组成，没有面和体的特征。曲面模型用面描述三维对象，它不仅定义了三维对象的边界，而且还定义了表面，即具有面的特征。实体模型不仅具有线和面的特征，而且还具有体的特征，各实体对象间可以进行各种布尔运算操作，从而创建复杂的三维实体图形。在本章中主要介绍 AutoCAD 三维建模的基础知识和三维模型的创建及三维实体的编辑，最后用实例介绍给水排水工程中三维模型的绘制过程。

7.1 绘制三维实体

三维实体模型需要在三维实体坐标系下进行描述，在三维空间中创建对象时，可以使用笛卡尔坐标、柱坐标或球坐标定位点。

7.1.1 三维坐标形式和三维坐标的输入方式

（1）三维笛卡尔坐标　三维笛卡尔坐标通过使用三个坐标值来指定精确的位置：X、Y 和 Z，如图 7-1 所示。

输入三维笛卡尔坐标值（X,Y,Z）类似于输入二维坐标值（X,Y）。除了指定 X 和 Y 值以外，还需要使用以下格式指定 Z 值：

X,Y,Z

如图 7-1 所示，坐标值（3,2,5）表示一个沿 X 轴正方向 3 个单位，沿 Y 轴正方向 2 个单位，沿 Z 轴正方向 5 个单位的点。

（2）三维柱坐标　三维柱坐标通过 XY 平面中与原点之间的距离、XY 平面中与 X 轴的角度以及 Z 值来描述精确的位置。如图 7-2 所示。

柱坐标输入相当于三维空间中的二维极坐标输入。它在垂直于 XY 平面的轴上指定另一个坐标。柱坐标通过定义某点在 XY 平面中距原点的距离，在 XY 平面中与 X 轴所成的角度以及 Z 值来定位该点。使用以下语法指定使用绝对柱坐标的点：

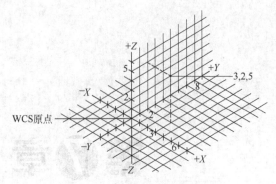

图 7-1　三维笛卡尔坐标示意图　　　　　　　　图 7-2　柱坐标示意图

  X<[与 X 轴所成的角度],Z

  如图 7-2 所示，坐标 5<30,6 表示距原点 5 个单位、在 *XY* 平面中与 *X* 轴成 30°角、沿 *Z* 轴 6 个单位的点。

  （3）三维球坐标　三维球坐标通过指定某个位置距原点的距离、在 *XY* 平面中与 *X* 轴所成的角度以及与 *XY* 平面所成的角度来指定该位置。如图 7-3 所示。

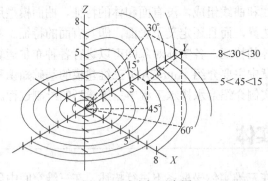

图 7-3　球坐标示意图

  三维中的球坐标输入与二维中的极坐标输入类似。通过指定某点距原点的距离、与 *X* 轴所成的角度（在 *XY* 平面中）以及与 *XY* 平面所成的角度来定位点，每个角度前面加了一个左尖括号（<），如以下格式所示。

  X<[与 X 轴所成的角度]<[与 XY 平面所成的角度]

  如图 7-3 所示，坐标 8<60<30 表示在 *XY* 平面中距原点 8 个单位、在 *XY* 平面中与 *X* 轴成 60°角以及在 *Z* 轴正向上与 *XY* 平面成 30°角的点。

  （4）三维坐标的输入方式　三维坐标与平面坐标一样，也使用绝对坐标和相对坐标。绝对坐标是相对于坐标系原点而言，相对坐标是基于上一输入点的相对坐标值。要输入相对坐标，要使用 @ 符号作为前缀。例如，对于输入三维笛卡尔坐标@1,0,0 表示在 *X* 轴正方向上距离上一点一个单位的点。要在命令提示下输入绝对坐标，无需输入任何前缀。对于输入柱坐标，坐标 @4<45,5 表示在 *XY* 平面中距上一输入点 4 个单位、与 *X* 轴正向成 45°角、在 *Z* 轴正向延伸 5 个单位的点。对于输入球坐标，坐标 5<45<15 表示距原

点 5 个单位、在 *XY* 平面中与 *X* 轴成 45°角、在 *Z* 轴正向上与 *XY* 平面成 15°角的点。需要基于上一点来定义点时，可以输入前面带有 @ 符号的相对球坐标值。

在 AutoCAD 的三维空间中，有两个坐标系：一个是被称为世界坐标系（WCS）的固定坐标系，一个是被称为用户坐标系（UCS）的可移动坐标系。默认情况下，这两个坐标系在新图形中是重合的。

7.1.2　创建用户坐标系

（1）在三维中定义新 UCS 原点的执行方式

◇ 下拉菜单：依次单击"工具(T)"→"新建 UCS(W)"→"原点(N)"。
◇ 工具栏：
◇ 命令：输入"UCS"。

> 指定 UCS 的原点或者 [面(F)/命名(NA)/对象(OB)/上一个(P)/视图(V)/世界(W)/X/Y/Z/Z 轴(ZA)] <世界>：

● 指定 UCS 的原点　使用一点、两点或三点定义一个新的 UCS。如果指定单个点，当前的原点将会移动而不会更改 *X*、*Y* 和 *Z* 轴的方向。

> 指定 X 轴上的点或 <接受>：（指定第二点或按 Enter 键以将输入限制为单个点）

如果指定第二点，UCS 将绕先前指定的原点旋转，以使 UCS 的 *X* 轴正半轴通过该点。

> 指定 XY 平面上的点或 <接受>：（指定第三点或按 Enter 键以将输入限制为两个点）

如果指定第三点，UCS 将绕 *X* 轴旋转，以使 UCS 的 *XY* 平面的 *Y* 轴正半轴包含该点。这三点可以指定原点、正 *X* 轴上的点以及正 *XY* 平面上的点。

注意：如果输入了一个点的坐标且未指定 *Z* 坐标值，将使用当前 *Z* 值。

● 面（F）　将用户坐标系与三维实体上的面对齐。通过单击面的边界内部或面的边来选择面。UCS *X* 轴与选定原始面上最靠近的边对齐。

> 选择实体对象的面：
> 输入选项 [下一个(N)/X 轴反向(X)/Y 轴反向(Y)] <接受>：

● 命名（NA）　按名称保存并恢复通常使用的 UCS 方向。

> 输入选项 [恢复(R)/保存(S)/删除(D)/?]：指定选项

● 对象（OB）　将用户坐标系与选定的对象对齐。UCS 的正 *Z* 轴与最初创建对象的平面垂直对齐。

> 选择对齐 UCS 的对象：

该选项不能用于下列对象：三维多段线、三维网格和构造线。

对于大多数对象，新 UCS 的原点位于离选定对象最近的顶点处，并且 *X* 轴与一条边对齐或相切。对于平面对象，UCS 的 *XY* 平面与该对象所在的平面对齐。对于复杂对象，将重新定位原点，但是轴的当前方向保持不变。如表 7-1 所示定义新 UCS。

表 7-1　通过选择对象来定义 UCS

对象	确定 UCS 的方法
圆弧	新 UCS 的原点为圆弧的圆心。X 轴通过距离选择点最近的圆弧端点
圆	新 UCS 的原点为圆的圆心。X 轴通过选择点
标注	新 UCS 的原点为标注文字的中点。新 X 轴的方向平行于当绘制该标注时生效的 UCS 的 X 轴
直线	离选择点最近的端点成为新 UCS 的原点。系统选择新的 X 轴使该直线位于新 UCS 的 XZ 平面上。该直线的第二个端点在新坐标系中 Y 坐标为零
点	该点成为新 UCS 的原点
二维多段线	多段线的起点成为新 UCS 的原点。X 轴沿从起点到下一顶点的线段延伸
实体	二维实体的第一点确定新 UCS 的原点。新 X 轴沿前两点之间的连线方向
宽线	宽线的"起点"成为新 UCS 的原点，X 轴沿宽线的中心线方向
三维面	取第一点作为新 UCS 的原点，X 轴沿前两点的连线方向，Y 的正方向取自第一点和第四点。Z 轴由右手定则确定
形、文字、块 参照、属性定义	该对象的插入点成为新 UCS 的原点，新 X 轴由对象绕其拉伸方向旋转定义。用于建立新 UCS 的对象在新 UCS 中的旋转角度为零

● 上一个（P）　恢复上一个 UCS。将保留最后 10 个在模型空间中创建的用户坐标系以及最后 10 个在图纸空间布局中创建的用户坐标系。重复该选项将逐步返回一个集或其他集，这取决于哪一空间是当前空间。

　　如果在单独视口中保存了不同的 UCS 设置并在视口之间切换，程序将不会在"上一个"列表中保留这些 UCS。但是，如果在某个视口中修改 UCS 设置，程序将在"上一个"列表中保留最后一个 UCS 设置。例如，将 UCS 从"世界"修改为"UCS1"时，AutoCAD 将把"世界"保持在"上一个"列表的顶部。如果切换视口，使"前视图"成为当前 UCS，接着又将 UCS 修改为"右视图"，则"前视图" UCS 保留在"上一个"列表的顶部。这时如果在当前视口中选择"UCS"-"上一个"选项两次，那么第一次返回"前视图" UCS 设置，第二次返回"世界"。请参见 UCSVP 系统变量。

● 视图（V）　将用户坐标系的 XY 平面与垂直于观察方向的平面对齐。原点保持不变，但 X 轴和 Y 轴分别变为水平和垂直。

● 世界（W）　将当前用户坐标系设置为世界坐标系（WCS）。

WCS 是所有用户坐标系的基准，不能被重新定义。

● X、Y、Z　绕指定轴旋转当前 UCS。

（2）dducs 命令　在 AutoCAD 中，除了可以用"UCS"命令设置用户坐标系统外，还可以使用对话框进行设置。使用对话框来设置用户坐标系统的命令是"dducs"或"dducsp"。

　　"dducs"命令使用对话框管理用户坐标系，当存储的坐标系较多时比较方便。启动"dducs"命令后，将弹出如图 7-4 所示的对话框。该对话框中有 3 个选项卡。

● "命名 UCS"选项卡　通过该选项卡可以对已经存在的 UCS 坐标系进行重命名设置。在当前 UCS 列表框中，列出了所有的 UCS 名称，

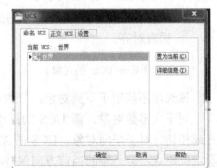

图 7-4　命名 UCS 选项卡

用户双击 UCS 名称，可以重新修改该 UCS 名称。单击"置为当前"按钮，可以将选中的 UCS 设置为当前坐标系。还可以单击"详细信息"按钮，查看被选中 UCS 的详细信息。

- "正交 UCS"选项卡　单击"正交 UCS"选项卡，出现如图 7-5 所示的对话框。该对话框是用列表视图方式来选择 6 个正交面定义用户坐标系。在该对话框中用户可以选择任意一个面，然后单击"置为当前"按钮，将选中的面设为当前坐标系。
- 设置选项卡　该选项卡用来设置 UCS 图标显示方式和用户坐标系保存方式。单击"设置"选项卡，出现如图 7-6 所示的对话框。

图 7-5　正交 UCS 选项卡

图 7-6　设置 UCS 选项卡

7.1.3　预设三维视图

可以根据名称或说明选择预定义的标准正交视图和等轴测视图。这些视图代表常用选项：俯视、仰视、主视、左视、右视和后视。此外，可以从以下等轴测选项设置视图：SW（西南）等轴测、SE（东南）等轴测、NE（东北）等轴测和 NW（西北）等轴测。

设置三维视图的执行方法有以下几种。

◇ 下拉菜单法："视图(V)" → "三维视图"。

◇ 命令条目：view。

将显示"视图管理器"，如图 7-7 所示。

图 7-7　视图管理器对话框

如果在命令提示下输入"-view"，则将显示选项。

输入选项?/删除(LSD)/正交(O)/恢复(R)/保存(S)/设置(E)/窗口(W)]:

◇ 工具栏法：如图 7-8 所示。

图 7-8　视图工具栏

7.1.4　预设视点

所谓三维视点是指用户观察立体图形的位置及方向，假定用户绘制了一个正方体，如果用户位于平面坐标系中，即 Z 轴垂直于屏幕，则此时仅能看到正方体在 XY 平面上的投影，即一个正方形。如果用户将视点置于当前坐标系的左上方，则可以看到一个正方体。AutoCAD 提供了多种灵活方便的选择视点的方法。

（1）视点预设对话框

◇ 命令条目：ddvpoint。

显示视点预设对话框，如图 7-9 所示。

◇ 下拉菜单："视图(V)" → "三维视图" → "视点预设"。

（2）设置视点　设置图形的三维可视化观察方向。

◇ 菜单："视图(V)" → "三维视图" → "视点"。

◇ 命令条目：vpoint。

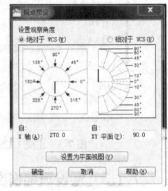

　　当前观察方向：VIEWDIR=当前

　　指定视点或 [旋转(R)] <显示坐标球和三轴架>：指定点、输入 r 或按 Enter 键显示坐标球和三轴架

图 7-9　视点预设对话框

7.1.5　三维图形的观察

在 AutoCAD 中，可以通过缩放或平移或三维导航或消隐或视觉样式等方法观察三维图形。

（1）三维导航　三维导航工具允许用户从不同的角度、高度和距离查看图形中的对象。使用以下三维工具在三维视图中进行动态观察、回旋、调整距离、缩放和平移。

① 三维动态观察：围绕目标移动。相机位置（或视点）移动时，视图的目标将保持静止。目标点是视口的中心，而不是正在查看的对象的中心。

② 受约束的动态观察：沿 XY 平面或 Z 轴约束三维动态观察（3dorbit）。

③ 自由动态观察：不参照平面，在任意方向上进行动态观察。沿 Z 轴的 XY 平面进行动态观察时，视点不受约束（3dforbit）。

④ 连续动态观察：连续地进行动态观察。在要使连续动态观察移动的方向上单击并拖动，然后松开鼠标按钮。动态观察沿该方向继续移动（3dcorbit）。

⑤ 调整距离：垂直移动光标时，将更改对象的距离。可以使对象显示得更大或更小，并且可以调整距离（3ddistance）。

⑥ 回旋：在拖动方向上模拟平移相机。查看的目标将更改。可以沿 XY 平面或 Z 轴回旋视图（3dswivel）。

⑦ 缩放：模拟移动相机靠近或远离对象。放大可以放大图像（3dzoom）。

⑧ 平移：启用交互式三维视图，并使用户可以对视图进行水平和垂直拖动（3dpan）。

◇ 下拉菜单："视图(V)" → "动态观察(B)" → "受约束的动态观察(C)"。

◇ 命令条目：3dorbit。

◇ 工具栏："三维导航"。

（2）启用动态观察自动目标　将目标点保持在正查看的对象上，而不是视口的圆心。默认情况下，此功能为打开状态。

（3）动画设置　打开"动画设置"对话框，从中可以指定用于保存动画文件的设置。

（4）窗口缩放　将光标变为窗口图标，使用户可以选择特定的区域不断进行放大。光标改变时，单击起点和终点以定义缩放窗口。图形将被放大并集中于选定的区域。

（5）范围缩放　居中显示视图，并调整其大小，使之能显示所有对象。

（6）缩放上一个　显示上一个视图。

（7）平行　显示对象，使图形中的两条平行线永远不会相交。图形中的形状始终保持相同，靠近时不会变形。

（8）透视　按透视模式显示对象，使所有平行线相交于一点。对象中距离越远的部分显示得越小，距离越近显示得越大。当对象距离过近时，形状会发生某些变形。该视图与肉眼观察到的图像极为接近。

（9）重置视图　将视图重置为第一次启动 3dorbit 时的当前视图。

（10）预设视图　显示预定义视图（例如俯视图、仰视图和西南等轴测图）的列表。从列表中选择视图来改变模型的当前视图。

◇ 下拉菜单："视图(V)" → "命名视图(N)"。

◇ 命令条目：view。

◇ 工具栏：。

（11）命名视图　显示图形中的命名视图列表。从列表中选择命名视图，以更改模型的当前视图。

◇ 下拉菜单："视图(V)" → "命名视图(N)"。

◇ 命令条目：view。

◇ 工具栏：。

（12）视觉样式

a. 三维隐藏　显示用二维线框表示的对象并隐藏表示后向面的直线。

◇ 下拉菜单："视图(V)" → "消隐"。

◇ 命令条目：_hide。

b. 三维线框　显示用直线和曲线表示边界的对象。

◇ 下拉菜单："视图(V)" → "视觉样式(S)" → "三维线框"。

◇ 命令条目：vscurrent

7.1.6　三维网格图元对象

"mesh"命令可以创建三维网格图元对象，例如长方体、圆锥体、圆柱体、棱锥体、球体、楔体或圆环体。

◇ 下拉菜单："绘图(D)" → "建模(M)" → "网格(M)" → "图元(P)" → "长方体(B)"。

◇ 工具条：

◇ 命令条目：mesh。

将显示以下提示。

> 选择图元 [长方体(B)/圆锥体(C)/圆柱体(CY)/棱锥体(P)/球体(S)/楔体(W)/圆环体(T)/
> 设置(SE)]

如图 7-10 所示为创建三维网格图元对象对话框。

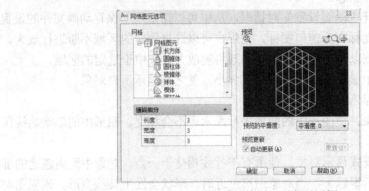

图 7-10　创建三维网格图元对象对话框

7.1.7　绘制三维网格命令介绍

（1）3dface　在三维空间中创建三侧面或四侧面的曲面，三维面可以组合成复杂的三维曲面。

◇ 下拉菜单：绘图(D)→建模(M)→网格(M)→三维面(F)。

◇ 命令条目：3dface。

（2）revsurf　通过绕轴旋转轮廓来创建网格。选择直线、圆弧、圆或二维/三维多段线，沿围绕选定轴的环形路径进行扫掠。

◇ 下拉菜单："绘图(D)"→"建模(M)"→"网格(M)"→"旋转网格(M)"。

◇ 命令条目：revsurf。

（3）tabsurf　从沿直线路径扫掠的直线或曲线创建网格。选择直线、圆弧、圆、椭圆或多段线，用于以直线路径进行扫掠。然后选择直线或多段线，以确定矢量的第一个点和最后一个点，该矢量指示多边形网格的方向和长度。

◇ 下拉菜单："绘图(D)"→"建模(M)"→"网格(M)"→"平移网格(T)"。

◇ 命令条目：tabsurf。

（4）rulesurf　创建用于表示两条直线或曲线之间的曲面的网格。选择两条用于定义网格的边。边可以是直线、圆弧、样条曲线、圆或多段线。如果有一条边是闭合的，那么另一条边必须也是闭合的。也可以将点用作开放曲线或闭合曲线的一条边。

◇ 下拉菜单："绘图(D)"→"建模(M)"→"网格(M)"→"直纹网格(R)"。

◇ 命令条目：rulesurf。

（5）edgesurf　在四条相邻的边或曲线之间创建网格。选择四条用于定义网格的边。边可以是直线、圆弧、样条曲线或开放的多段线。这些边必须在端点处相交以形成一个闭合路径。

◇ 下拉菜单："绘图(D)"→"建模(M)"→"网格(M)"→"边界网格(D)"。

◇ 命令条目：edgesurf。

（6）meshsmooth　将三维对象（例如多边形网格、曲面和实体）转换为网格对象。通过将三维实体和曲面等对象转换为网格来利用三维网格的细节建模功能。

◇ 下拉菜单："绘图(D)" → "建模(M)" → "网格(M)" → "平滑网格(S)"。

◇ 命令条目：meshsmooth。

7.1.8 AutoCAD 三维实体绘制

实体模型是具有质量、体积、重心和惯性矩等特性的三维表示，用户可以分析实体的质量特性，并输出数据以用于数控铣削或 FEM（有限元法）分析。可以从图元实体（例如圆锥体、长方体、圆柱体和棱锥体）开始创建。绘制自定义的多段体拉伸或使用各种扫掠操作来创建形状与指定的路径相符的实体。然后修改或重新组合对象以创建新的实体形状。与传统线框模型相比，复杂的实体形状更易于构造和编辑。但是，如果需要，用户可以将实体分解为面域、体、曲面和线框对象。

创建三维实体可以输入命令，也可使用屏幕菜单或工具栏按钮。

（1）绘制长方体

◇ 下拉菜单："绘图(D)" → "建模(M)" → "长方体(B)"。

◇ 工具栏："建模" 🔲 。

◇ 命令条目：box。

将显示以下提示。

> 指定第一个角点或 [中心(C)]：（指定点或输入 c 指定圆心）
> 指定其他角点或 [立方体(C)/长度(L)]：（指定长方体的另一角点或输入选项）

如果长方体的另一角点指定的 Z 值与第一个角点的 Z 值不同，将不显示高度提示。

> 指定高度或 [两点(2P)] <默认值>：（指定高度或为两点选项输入 2P）

输入正值将沿当前 UCS 的 Z 轴正方向绘制高度。输入负值将沿 Z 轴负方向绘制高度。

始终将长方体的底面绘制为与当前 UCS 的 XY 平面（工作平面）平行。在 Z 轴方向上指定长方体的高度。可以为高度输入正值和负值（见图 7-11）。

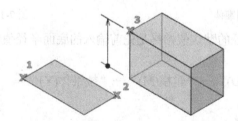

图 7-11　绘制长方体

（2）绘制圆锥体

◇ 下拉菜单："绘图(D)" → "建模(M)" → "圆锥体(O)"。

◇ 工具栏："建模" △ 。

◇ 命令条目：cone。

将显示以下提示。

> 指定底面的圆心或 [三点(3P)/两点(2P)/相切、相切、半径(T)/椭圆(E)]：[指定点 (1) 或输入选项]

指定底面半径或 [直径(D)] <默认值>：(指定底面半径、输入 d 指定直径或按 Enter 键指定默认的底面半径值)
指定高度或 [两点(2P)/轴端点(A)/顶面半径(T)] <默认值>：(指定高度、输入选项或按 Enter 键指定默认高度值)

创建一个三维实体，该实体以圆或椭圆为底面，以对称方式形成锥体表面，最后交于一点，或交于圆或椭圆的平整面。可以通过 FACETRES 系统变量控制着色或隐藏视觉样式的三维曲线形实体（例如圆锥体）的平滑度（图 7-12）。

（3）绘制圆柱体

◇ 下拉菜单："绘图(D)" → "建模(M)" → "圆柱体(C)"。

◇ 工具栏："建模" 。

◇ 命令条目：cylinder。

将显示以下提示。

指定底面的圆心或 [三点(3P)/两点(2P)/相切、相切、半径(T)/椭圆(E)]：(指定圆心或输入选项)
指定底面半径或 [直径(D)] <默认值>：(指定底面半径、输入 d 指定直径或按 Enter 键指定默认的底面半径值)
指定高度或 [两点(2P)/轴端点(A)] <默认值>：(指定高度、输入选项或按 Enter 键指定默认高度值)

在图 7-13 中，使用圆心（1）、半径上的一点（2）和表示高度的一点（3）创建了圆柱体。圆柱体的底面始终位于与工作平面平行的平面上。可以通过 Facetres 系统变量控制着色或隐藏视觉样式的三维曲线形实体（例如圆柱体）的平滑度。

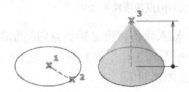

图 7-12　绘制锥体

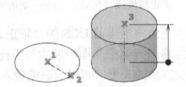

图 7-13　绘制圆柱体

绘制图形时，底面半径的默认值始终是先前输入的底面半径值。

（4）绘制棱锥体

◇ 下拉菜单："绘图(D)" → "建模(M)" → "棱锥体(Y)"。

◇ 工具栏：建模 。

◇ 命令条目：pyramid。

默认情况下，可以通过基点的中心、边的中点和确定高度的另一个点来定义一个棱锥体（见图 7-14）。

最初，默认底面半径未设置任何值。执行绘图任务时，底面半径的默认值始终是先前输入的任意实体图元的底面半径值。

使用"顶面半径"来创建棱锥体平截面。

（5）绘制圆环体

◇ 下拉菜单："绘图(D)" → "建模(M)" → "圆环体(T)"。

◇ 工具栏："建模" 。

❖ 命令条目：torus。

将显示以下提示。

指定圆心或 [三点(3P)/两点(2P)/相切、相切、半径(TTR)]：[指定点 (1) 或输入选项]

可以通过指定圆环体的圆心、半径或直径以及围绕圆环体的圆管的半径或直径创建圆环体。可以通过 Facetres 系统变量控制着色或隐藏视觉样式的曲线形三维实体（例如圆环体）的平滑度。

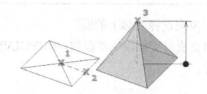
图 7-14　绘制棱锥体

图 7-15　绘制圆环体

指定圆心后，将放置圆环体以使其中心轴与当前用户坐标系（UCS）的 Z 轴平行。圆环体与当前工作平面的 XY 平面平行且被该平面平分（见图 7-15）。

（6）绘制楔体

❖ 下拉菜单："绘图(D)"→"建模(M)"→"楔体(W)"。

❖ 工具栏："建模"　。

❖ 命令条目：wedge。

（7）拉伸

❖ 下拉菜单："绘图(D)"→"建模(M)"→"拉伸(X)"。

❖ 工具栏："建模"　。

❖ 命令条目：extrude。

在大多数情况下，如果拉伸闭合对象，将生成新三维实体。如果拉伸开放对象，将生成曲面。

（8）放样

❖ 下拉菜单："绘图(D)"→"建模(M)"→"放样(L)"。

❖ 工具栏："建模"　。

❖ 命令条目：loft。

（9）旋转

❖ 下拉菜单："绘图(D)"→"建模(M)"→"旋转(R)"。

❖ 工具栏："建模"　。

❖ 命令条目：revolve。

可以旋转闭合对象创建三维实体，也可以旋转开放对象创建曲面。可以将对象旋转 360°或其他指定角度（见图 7-16）。

使用"revolve"命令，用户可以通过绕轴旋转开放或闭合的平面曲线来创建新的实体或曲面。可以旋转多个对象。

Delobj 系统变量控制实体或曲面创建后，是自动删除旋转对象，还是提示用户删除这些对象。

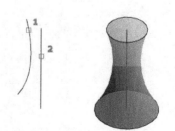
图 7-16　对象旋转

可以在启动命令之前选择要旋转的对象，可旋转如表 7-2 所列的对象。

表 7-2 可以旋转的对象

对象类型	对象类型	对象类型
二维实体	椭圆弧	样条曲线-二维
三维面-平面	直线	曲面-平面
圆弧	多段线-二维	宽线
圆	面域	
椭圆	实体-平面	

注意：可以通过按住 Ctrl 键然后选择这些子对象来选择实体上的面。

不能旋转包含在块中的对象。不能旋转具有相交或自交线段的多段线。REVOLVE 忽略多段线的宽度，并从多段线路径的中心处开始旋转。

（10）扫掠

◇ 下拉菜单："绘图(D)"→"建模(M)"→"扫掠(P)"。

◇ 工具栏："建模" 。

◇ 命令条目：sweep。

使用"sweep"命令，可以通过沿开放或闭合的二维或三维路径扫掠开放或闭合的平面曲线（轮廓）创建新实体或曲面。sweep 沿指定的路径以指定轮廓的形状绘制实体或曲面。可以扫掠多个对象，但是这些对象必须位于同一平面中。

7.2 AutoCAD 三维实体操作和编辑

前面讲的是 AutoCAD 的一些三维基本图元，即长方体（包括正方体）、椎体（包括台体）、球体、圆环体、圆柱体以及由拉伸、旋转、扫掠等形成的三维实体，但实际给水排水工程中存在着大量不规则实体，如弯头、法兰、建构筑物的管道、沟渠等。这样，就要将这些基本图元进行适当的操作和编辑，使之成为具有实际意义的物体。本节主要介绍对三维实体的操作和编辑方法。

三维实体操作和编辑的命令可以使用下拉菜单，也可以使用工具条。另外二维图形编辑的倒脚、复制、圆角、镜像、阵列、分解等在三维制图中也可以使用。如图 7-17 所示。

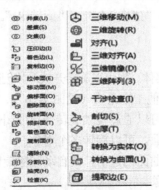

图 7-17 三维图形的操作和编辑菜单

7.2.1　三维阵列

◇ 下拉菜单："修改(M)" → "三维操作(3)" → "三维阵列(3)"。

◇ 工具栏："建模" ⊞。

◇ 命令条目：3darray。

对于三维矩形阵列，除行数和列数外，用户还可以指定 Z 方向的层数。对于三维环形阵列，用户可以通过空间中的任意两点指定旋转轴。如图 7-18 所示。

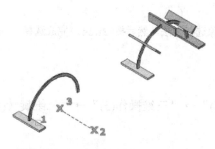

选择对象：*使用对象选择方法*

图 7-18　三维阵列

（1）矩形阵列　在行（X 轴）、列（Y 轴）和层（Z 轴）矩形阵列中复制对象。一个阵列必须具有至少两个行、列或层。

　　　输入行数 (—) <1>：（输入正值或按 Enter 键）
　　　输入列数 (| | | |) <1>：（输入正值或按 Enter 键）
　　　输入层数 (...) <1>：（输入正值或按 Enter 键）

如果只指定一行，就需指定多列，反之亦然。只指定一层则创建二维阵列。

如果指定多行，将显示以下提示。

　　　指定行间距 (—)：（指定距离）

如果指定多列，将显示以下提示。

　　　指定列间距 (| | | |)：（指定距离）

如果指定多层，将显示以下提示。

　　　指定层间距 (...)：（指定距离）

输入正值将沿 X、Y、Z 轴的正向生成阵列。输入负值将沿 X、Y、Z 轴的负向生成阵列。

（2）环形阵列　绕旋转轴复制对象。

　　　输入阵列中的项目数目：（输入正值）
　　　指定要填充的角度 (+=逆时针, -=顺时针) <360>：（指定角度或按 Enter 键）

指定的角度用于确定对象距旋转轴的距离。正数值表示沿逆时针方向旋转。负数值表示沿顺时针方向旋转。

　　　是否旋转阵列中的对象？[是(Y)/否(N)] <Y>：（输入 y 或 n，或按 Enter 键）

输入 y 或按 Enter 键旋转每个阵列元素。

> 指定阵列的圆心：[指定点 (1)]
> 指定旋转轴上的第二点：[指定点 (2)]

7.2.2　三维镜像

◇ 下拉菜单："修改(M)" → "三维操作(3)" → "三维镜像(D)"。
◇ 命令条目：mirror3d。

> 选择对象：（使用对象选择方法，然后按 Enter 完成选择）

7.2.3　三维旋转

◇ 下拉菜单："修改(M)" → "三维操作(3)" → "三维旋转(R)"。
◇ 工具栏："建模" ⊕ 。
◇ 命令条目：3drotate。

7.2.4　三维移动

◇ 下拉菜单："修改(M)" → "三维操作(3)" → "三维移动(M)"。
◇ 工具栏："建模" ⬡ 。
◇ 命令条目：3dmove。

7.2.5　对齐

◇ 下拉菜单："修改(M)" → "三维操作(3)" → "三维对齐(A)"。
◇ 工具栏："建模" 🔲 。
◇ 命令条目：3adalign。
可以为源对象指定一个、两个或三个点。然后，可以为目标指定一个、两个或三个点。

7.2.6　干涉检查

◇ 下拉菜单："修改(M)" → "三维操作(3)" → "干涉检查(I)"。
◇ 命令条目：interfere。
干涉通过表示相交部分的临时三维实体亮显。也可以选择保留重叠部分。

7.2.7　剖切

◇ 下拉菜单："修改(M)" → "三维操作(3)" → "剖切(S)"。
◇ 工具栏：未提供。
◇ 命令条目：slice。
剪切平面是通过 2 个或 3 个点定义的，方法是指定 UCS 的主要平面，或选择曲面对象（而非网格）。可以保留剖切三维实体的一个或两个侧面。

7.2.8　加厚

◇ 下拉菜单："修改(M)" → "三维操作(3)" → "加厚(T)"。

◇ 命令条目：thicken。

最初，默认厚度未设置任何值。在绘制图形时，厚度默认值始终是先前输入的厚度值。

创建复杂的三维曲线实体的一想实用技术：首先创建一个曲面，然后将它转换为一定厚度的三维曲线形实体。

Delobj 系统变量控制曲面创建后，是自动删除用户选择的对象，还是提示用户删除这些对象。

如果选择要加厚某个网格面，则可以先将该网格对象转换为实体或曲面，然后再完成此操作。

7.2.9　转换为实体

◇ 下拉菜单："修改(M)" → "三维操作(3)" → "转换为实体(O)"。

◇ 工具栏：未提供。

◇ 命令条目：convtosolid。

利用适用于三维实体的实体建模功能。转换网格时，可以指定转换的对象是平滑的还是镶嵌面的，以及是否合并面。

7.2.10　转换为曲面

◇ 下拉菜单："修改(M)" → "三维操作(3)" → "转换为曲面(U)"。

◇ 工具栏：未提供。

◇ 命令条目：convtosurface。

将对象转换为实体对象时，可以指定结果对象是平滑的还是镶嵌面的。

7.2.11　提取边

◇ 下拉菜单："修改(M)" → "三维操作(3)" → "提取边(E)"。

◇ 工具栏：未提供。

◇ 命令条目：xedges。

使用 xedges 命令，可以将实体分解为一系列的边。

7.2.12　并集

◇ 下拉菜单："修改(M)" → "实体编辑(N)" → "并集(U)"。

◇ 工具栏："建模" ⑩。

◇ 命令条目：union。

将两个或多个三维实体、曲面或二维面域合并为一个组合三维实体、曲面或面域。必须选择类型相同的对象进行合并。

7.2.13　差集

◇ 下拉菜单："修改(M)" → "实体编辑(N)" → "差集(S)"。

◇ 工具栏："建模" ◎。

◇ 命令条目：subtract。

使用 SUBTRACT 命令可以通过从另一个交叠集中减去一个现有的三维实体集来创建三维实体或曲面。可以对覆盖曲面或二维面域执行相同的操作。

7.2.14 交集

◇ 下拉菜单："修改(M)" → "实体编辑(N)" → "交集(I)"。

◇ 工具栏："建模" ◎。

◇ 命令条目：intersect。

使用 "intersect" 命令，可以从两个或两个以上现有三维实体、曲面或面域的公共体积创建三维实体。如果选择网格，则可以先将其转换为实体或曲面，然后再完成此操作。

通过拉伸二维轮廓后使它们相交，可以高效地创建复杂的模型。

7.2.15 倒角

◇ 下拉菜单："修改(M)" → "倒角(C)"。

◇ 工具栏："修改" ⌐。

◇ 命令条目：chamfer。

7.2.16 圆角

◇ 下拉菜单："修改(M)" → "圆角(F)"。

◇ 工具栏："修改" ⌐。

◇ 命令条目：chamfer。

7.3 给水排水工程 AutoCAD 三维图绘制实例

以给水处理工程水力澄清池为例，水力澄清池主要由进水水射器（喷嘴、喉管等）、絮凝室、分离室、排泥系统、出水系统等部分组成。已知条件如图 7-19、图 7-20 所示。

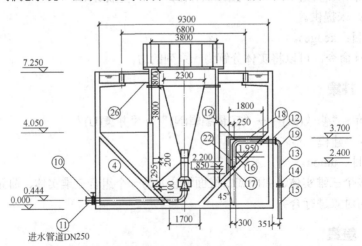

图 7-19　水力澄清池剖面

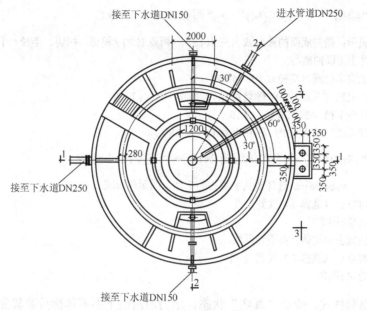

图 7-20　水力澄清池平面图

（1）制作水力澄清池锥体部分（实际上是个圆台）

① 执行"绘图"→"建模(M)"→"圆锥体(O)"命令。

> 系统提示：指定底面的圆心或 [三点(3P)/两点(2P)/相切、相切、半径(T)/椭圆(E)]：用鼠标在屏幕上任选一点
> 指定底面半径或 [直径(D)]：4900
> 指定高度或 [两点(2P)/轴端点(A)/顶面半径(T)]：T
> 指定顶面半径 <0.0000>：1100
> 指定高度或 [两点(2P)/轴端点(A)]：- 4050

② 查看全部图，在命令行输入"zoom"命令。

> 命令：ZOOM
> 指定窗口的角点，输入比例因子 (nX 或 nXP)，或者
> [全部(A)/中心(C)/动态(D)/范围(E)/上一个(P)/比例(S)/窗口(W)/对象(O)] <实时>：a

③ 执行"视图"→"三维视图(D)"→"西南等轴测(S)"命令。

> 命令：_-view 输入选项 [?/删除(D)/正交(O)/恢复(R)/保存(S)/设置(E)/窗口(W)]：
> _swiso 正在重生成模型。

④ 执行"格式(O)"→"图层(L)"命令。

出现图层管理状态对话框，新建图层"池壁"，线型"continuous"，颜色选"9"，将图设置到"池壁"图层。

⑤ 执行"视图"→"视觉样式(S)"→"真实(R)"命令。

> 命令：_vscurrent
> 输入选项 [二维线框(2)/三维线框(3)/三维隐藏(H)/真实(R)/概念(C)/其他(O)] <二维线框>：_R

继续回到二维线框。

⑥ 执行"绘图"→"建模(M)"→"圆锥体(O)"命令。

系统提示：指定底面的圆心或 [三点(3P)/两点(2P)/相切、相切、半径(T)/椭圆(E)]：捕捉圆锥体上面面的圆心

指定底面半径或 [直径(D)]：4650

指定高度或 [两点(2P)/轴端点(A)/顶面半径(T)]：T

指定顶面半径 <0.0000>：850

指定高度或 [两点(2P)/轴端点(A)]：- 3800

⑦ 执行"修改(M)"→"实体编辑(N)"→"差集(S)"命令。

命令：_subtract 选择要从中减去的实体、曲面和面域...

选择对象：（选择1）找到1个

选择对象：回车

选择要减去的实体、曲面和面域...

选择对象：（选择2）找到 1 个

选择对象：回车

⑧ 改变视觉样式，变成"真实"状态。水力澄清池下面锥体部分就算完成了。

（2）制作水力澄清池柱体部分

① 执行"绘图(D)"→"建模(M)"→"圆柱体(C)"命令。

命令：_cylinder

指定底面的中心点或 [三点(3P)/两点(2P)/切点、切点、半径(T)/椭圆(E)]：_cen 于
（底面中心点用捕捉圆台上面的空面的圆心）

指定底面半径或 [直径(D)] <4650.0000>：

指定高度或 [两点(2P)/轴端点(A)] <-3800.0000>：3200

② 继续执行"绘图(D)"→"建模(M)"→"圆柱体(C)"命令。

命令：_cylinder

指定底面的中心点或 [三点(3P)/两点(2P)/切点、切点、半径(T)/椭圆(E)]：_cen 于
（底面中心点用捕捉圆柱体上面的圆心）

指定底面半径或 [直径(D)] <4650.0000>：-4900

指定高度或 [两点(2P)/轴端点(A)] <-3800.0000>：-3200

③ 执行"修改(M)"→"实体编辑(N)"→"差集(S)"命令。

命令：_subtract 选择要从中减去的实体、曲面和面域...

选择对象：（选择外面的圆柱体）找到 1 个

选择对象：回车

选择要减去的实体、曲面和面域...

选择对象：（选择里面的圆柱体）找到 1 个

选择对象：回车

④ 执行"修改(M)"→"实体编辑(N)"→"并集(S)"命令。

命令：_union

选择对象：（选择下面圆锥体）找到 1 个

选择对象：（选择上面圆柱体）找到 1 个，总计 2 个

选择对象：回车

这样水力澄清池的池壁已经画好。

（3）制作水力澄清池第一反应室柱子

① 执行"工具(T)"→"新建 UCS(W)"→"原点(N)"命令。

命令：_ucs
当前 UCS 名称：*没有名称*
指定 UCS 的原点或 [面(F)/命名(NA)/对象(OB)/上一个(P)/视图(V)/世界(W)/X/Y/Z/Z
轴(ZA)] <世界>：_o
指定新原点 <0,0,0>：_cen 于（选柱体上面空面的圆心）

② 执行"工具(T)"→"新建 UCS(W)"→"原点(N)"命令。

命令：_ucs
当前 UCS 名称：*没有名称*
指定 UCS 的原点或 [面(F)/命名(NA)/对象(OB)/上一个(P)/视图(V)/世界(W)/X/Y/Z/Z
轴(ZA)] <世界>：_o
指定新原点 <0,0,0>：_cen 于（选内椎体底面的圆心）

③ 执行"绘图(D)"→"建模(M)"→"长方体(B)"命令。

命令：_box
指定第一个角点或 [中心(C)]：c
指定中心：1840,0,2595（柱面坐标）
指定角点或 [立方体(C)/长度(L)]：l
指定长度 <200.0000>：200
指定宽度 <200.0000>：
指定高度或 [两点(2P)] <3410.0000>：

④ 改变视觉样式，变成"二维线框"状态，且为俯视图。

⑤ 用二维阵列的命令进行柱子复制。

⑥ 采用动态观察器进行观察。

命令：'_3DFOrbit 按 Esc 或 Enter 键退出，或者单击鼠标右键显示快捷菜单。

⑦ 退出动态观察器，将视图变为真实状态。可以看到有 4 根柱子立在池壁上。

⑧ 执行"修改(M)"→"实体编辑(N)"→"并集(S)"命令。

命令：_union
选择对象：（选择池体）找到 1 个
选择对象：（选择四根柱子）找到 4 个，总计 5 个
选择对象：回车

这样水力澄清池的池壁与柱子已经合二为一。

（4）制作水力澄清池第一反应室　第一反应室是内壁直径 3600mm，高度 2820mm，壁厚 100mm 的钢筋混凝土圆筒，用绘制圆柱体与布尔减运算可以得到。

① 改视觉样式为二维线框。

② 执行"视图"→"三维视图(D)"→"西南等轴测(S)"命令。

命令：_-view 输入选项 [?/删除(D)/正交(O)/恢复(R)/保存(S)/设置(E)/窗口(W)]：

_swiso 正在重生成模型。

③ 执行"工具(T)"→"新建 UCS(W)"→"原点(N)"命令。

命令: _ucs
指定 UCS 的原点或 [面(F)/命名(NA)/对象(OB)/上一个(P)/视图(V)/世界(W)/X/Y/Z/Z
轴(ZA)] <世界>: _o
指定新原点 <0,0,0>: _cen 于

用捕捉方式选取内锥体地面圆心。

④ 执行"工具(T)"→"新建 UCS(W)"→"原点(N)"命令。

命令: _ucs
指定 UCS 的原点或 [面(F)/命名(NA)/对象(OB)/上一个(P)/视图(V)/世界(W)/X/Y/Z/Z
轴(ZA)] <世界>: _o
指定新原点 <0,0,0>:

输入点(0,0,7120)。

⑤ 执行"绘图(D)"→"建模(M)"→"圆柱体(C)"命令。

命令: _cylinder
指定底面的中心点或 [三点(3P)/两点(2P)/切点、切点、半径(T)/椭圆(E)]: 0,0,0
指定底面半径或 [直径(D)] <4900.0000>: 1800
指定高度或 [两点(2P)/轴端点(A)] <3410.0000>: -2820

⑥ 执行"绘图(D)"→"建模(M)"→"圆柱体(C)"命令。

命令: _cylinder
指定底面的中心点或 [三点(3P)/两点(2P)/切点、切点、半径(T)/椭圆(E)]: 0,0,0
指定底面半径或 [直径(D)] <1800.0000>: 1900
指定高度或 [两点(2P)/轴端点(A)] <2820.0000>:

⑦ 改视觉样式为二维线框。

⑧ 执行"修改(M)"→"实体编辑(N)"→"差集(S)"命令。

命令: _subtract 选择要从中减去的实体、曲面和面域...
选择对象:（选择外面的圆柱体）找到 1 个
选择对象:回车
选择要减去的实体、曲面和面域...
选择对象:（选择里面的圆柱体）找到 1 个
选择对象:回车

⑨ 改视觉样式为真实。

⑩ 采用动态观察器进行观察。

命令: '_3DFOrbit 按 Esc 或 Enter 键退出，或者单击鼠标右键显示快捷菜单。

第一反应室就此完成。

（5）制作水力澄清池环形水槽支撑牛腿　牛腿长 1450mm，厚度 150～200mm，宽
150mm，共 6 条牛腿。可以用"拉伸"命令完成。

① 执行 "视图" → "三维视图(D)" → "前视(F)" 命令。

命令: _-view输入选项[?/删除(D)/正交(O)/恢复(R)/保存(S)/设置(E)/窗口(W)]: _front

② 先用 "pline"、"offset"、"chamfer" 命令做一闭合区间。

命令: _pline
指定起点:
当前线宽为 0.0000
指定下一个点或 [圆弧(A)/半宽(H)/长度(L)/放弃(U)/宽度(W)]: @1450,0
指定下一点或 [圆弧(A)/闭合(C)/半宽(H)/长度(L)/放弃(U)/宽度(W)]:
命令: _pline
指定起点: _endp 于
当前线宽为 0.0000
指定下一个点或 [圆弧(A)/半宽(H)/长度(L)/放弃(U)/宽度(W)]: @0,-150
指定下一点或 [圆弧(A)/闭合(C)/半宽(H)/长度(L)/放弃(U)/宽度(W)]:
命令: _pline
指定起点: _endp 于
当前线宽为 0.0000
指定下一个点或 [圆弧(A)/半宽(H)/长度(L)/放弃(U)/宽度(W)]: @0,-200
指定下一点或 [圆弧(A)/闭合(C)/半宽(H)/长度(L)/放弃(U)/宽度(W)]:
命令: _pline
指定起点: _endp 于
当前线宽为 0.0000
指定下一个点或 [圆弧(A)/半宽(H)/长度(L)/放弃(U)/宽度(W)]: _endp 于
指定下一点或 [圆弧(A)/闭合(C)/半宽(H)/长度(L)/放弃(U)/宽度(W)]:
命令: _offset
当前设置: 删除源=否　图层=源　OFFSETGAPTYPE=0
指定偏移距离或 [通过(T)/删除(E)/图层(L)] <100.0000>:
选择要偏移的对象, 或 [退出(E)/放弃(U)] <退出>:
指定要偏移的那一侧上的点, 或 [退出(E)/多个(M)/放弃(U)] <退出>:
选择要偏移的对象, 或 [退出(E)/放弃(U)] <退出>:
命令: _chamfer
("修剪" 模式) 当前倒角距离 1 = 0.0000, 距离 2 = 0.0000
选择第一条直线或 [放弃(U)/多段线(P)/距离(D)/角度(A)/修剪(T)/方式(E)/多个(M)]:
选择第二条直线, 或按住 Shift 键选择要应用角点的直线:
命令: _chamfer
("修剪" 模式) 当前倒角距离 1 = 0.0000, 距离 2 = 0.0000
选择第一条直线或 [放弃(U)/多段线(P)/距离(D)/角度(A)/修剪(T)/方式(E)/多个(M)]:
选择第二条直线, 或按住 Shift 键选择要应用角点的直线:
命令: _chamfer
("修剪" 模式) 当前倒角距离 1 = 0.0000, 距离 2 = 0.0000
选择第一条直线或 [放弃(U)/多段线(P)/距离(D)/角度(A)/修剪(T)/方式(E)/多个(M)]:

③ 删除多余的线。

命令: _erase
选择对象: 找到 1 个

选择对象:

④ 执行"绘图(D)"→"建模(M)"→"拉伸(X)"命令。

```
命令: _extrude
当前线框密度: ISOLINES=4
选择要拉伸的对象: 指定对角点: 找到 1 个
选择要拉伸的对象:
指定拉伸的高度或 [方向(D)/路径(P)/倾斜角(T)] <150.0000>: 150
```

⑤ 做一辅助线,将牛腿移到水力澄清池池壁上。

```
命令: _line 指定第一点: _endp 于
指定下一点或 [放弃(U)]:
命令: _line 指定第一点: @0,-580
指定下一点或 [放弃(U)]: @-3200,0
指定下一点或 [放弃(U)]:
命令: _move
选择对象: 指定对角点: 找到 1 个
选择对象:
指定基点或 [位移(D)] <位移>: _endp 于 指定第二个点或 <使用第一个点作为位移>:
_endp 于
```

⑥ 执行"视图"→"三维视图(D)"→"俯视(T)"命令。

```
命令: _-view 输入选项 [?/删除(D)/正交(O)/恢复(R)/保存(S)/设置(E)/窗口(W)]:
_top 正在重生成模型。
```

⑦ 阵列。

⑧ 删掉辅助线,启用动态观察器观看。至此牛腿制作完成。

(6)制作环形集水槽　环形集水槽用钢板制作,钢板厚 6mm。槽宽 260mm,槽中心线直径 6800mm。总集水槽 350mm。槽深 474mm。

① 先建一个水槽的层。

新建图层"集水槽",线型"continuous",颜色选"5",将图设置到"中心线"图层。

② 执行"视图"→"三维视图(D)"→"前视(F)"命令。

```
命令: _-view 输入选项 [?/删除(D)/正交(O)/恢复(R)/保存(S)/设置(E)/窗口(W)]:
_front 正在重生成模型。
```

③ 用"line"命令做辅助线。

```
命令: _line 指定第一点: _endp 于
指定下一点或 [放弃(U)]:
命令: _line 指定第一点: @0,-580
指定下一点或 [放弃(U)]: @-3400,0
指定下一点或 [放弃(U)]:
```

④ 执行"视图"→"三维视图(D)"→"俯视(T)"命令。

命令： _-view 输入选项 [?/删除(D)/正交(O)/恢复(R)/保存(S)/设置(E)/窗口(W)]： _top 正在重生成模型。

⑤ 用 "circle" 命令画圆的中心线。

命令： _circle 指定圆的圆心或 [三点(3P)/两点(2P)/切点、切点、半径(T)]： _endp 于 指定圆的半径或 [直径(D)]： _endp 于

⑥ 将当前图层设置为 "集水槽" 图层。

⑦ 用 "arc pline pedit" 命令做一闭合区域做水槽的底。

先做 1/4，用圆弧和多义线做。

命令： _arc 指定圆弧的起点或 [圆心(C)]： c
指定圆弧的圆心： _endp 于
指定圆弧的起点： @0,3536
指定圆弧的端点或 [角度(A)/弦长(L)]： @-3536,0
命令： _arc 指定圆弧的起点或 [圆心(C)]： c
指定圆弧的圆心： _endp 于
指定圆弧的起点： @0,3264
指定圆弧的端点或 [角度(A)/弦长(L)]： @-3264,0
命令： _pline
指定起点： _endp 于
当前线宽为 0.0000
指定下一个点或 [圆弧(A)/半宽(H)/长度(L)/放弃(U)/宽度(W)]： _endp 于
指定下一点或 [圆弧(A)/闭合(C)/半宽(H)/长度(L)/放弃(U)/宽度(W)]：
命令： _pline
指定起点： _endp 于
当前线宽为 0.0000
指定下一个点或 [圆弧(A)/半宽(H)/长度(L)/放弃(U)/宽度(W)]： _endp 于
指定下一点或 [圆弧(A)/闭合(C)/半宽(H)/长度(L)/放弃(U)/宽度(W)]：
命令： pedit
选择多段线或 [多条(M)]： m
选择对象：找到 1 个
选择对象：找到 1 个，总计 2 个
选择对象：找到 1 个，总计 3 个
选择对象：找到 1 个，总计 4 个
选择对象：
是否将直线、圆弧和样条曲线转换为多段线？[是(Y)/否(N)]？ <Y> y
输入选项 [闭合(C)/打开(O)/合并(J)/宽度(W)/拟合(F)/样条曲线(S)/非曲线化(D)/线型生成(L)/反转(R)/放弃(U)]： j
合并类型 = 延伸
输入模糊距离或 [合并类型(J)] <0.0000>：
多段线已增加 3 条线段
输入选项 [闭合(C)/打开(O)/合并(J)/宽度(W)/拟合(F)/样条曲线(S)/非曲线化(D)/线型生成(L)/反转(R)/放弃(U)]：

⑧ 执行 "绘图(D)" → "建模(M)" → "拉伸(X)" 命令。

命令: _extrude
当前线框密度: ISOLINES=4
选择要拉伸的对象: 指定对角点: 找到 1 个
选择要拉伸的对象: (选定闭合区域)
指定拉伸的高度或 [方向(D)/路径(P)/倾斜角(T)] <150.0000>: 6

⑨ 执行"视图"→"三维视图(D)"→"前视(F)"命令。

命令: _-view 输入选项 [?/删除(D)/正交(O)/恢复(R)/保存(S)/设置(E)/窗口(W)]:
_front 正在重生成模型。

用"line"命令做辅助线。

命令: _line 指定第一点: _cen 于
指定下一点或 [放弃(U)]: @0,6

删除所做集水槽底板辅助线。

⑩ 执行"视图"→"三维视图(D)"→"俯视(T)"命令。

命令: _-view 输入选项 [?/删除(D)/正交(O)/恢复(R)/保存(S)/设置(E)/窗口(W)]:
_top 正在重生成模型。

⑪ 用"arc pline pedit"做集水槽的墙,需做两个闭合区域。

命令: _arc 指定圆弧的起点或 [圆心(C)]: c
指定圆弧的圆心: _endp 于
指定圆弧的起点: @0,3536
指定圆弧的端点或 [角度(A)/弦长(L)]: @-3536,0
命令: _arc 指定圆弧的起点或 [圆心(C)]: c
指定圆弧的圆心: _endp 于
指定圆弧的起点: @0,3530
指定圆弧的端点或 [角度(A)/弦长(L)]: @-3530,0
命令: _pline
指定起点: _endp 于
当前线宽为 0.0000
指定下一个点或 [圆弧(A)/半宽(H)/长度(L)/放弃(U)/宽度(W)]: _endp 于
指定下一点或 [圆弧(A)/闭合(C)/半宽(H)/长度(L)/放弃(U)/宽度(W)]:
命令: _pline
指定起点: _endp 于
当前线宽为 0.0000
指定下一个点或 [圆弧(A)/半宽(H)/长度(L)/放弃(U)/宽度(W)]: _endp 于
指定下一点或 [圆弧(A)/闭合(C)/半宽(H)/长度(L)/放弃(U)/宽度(W)]:
命令: pedit
选择多段线或 [多条(M)]: m
选择对象: 找到 1 个
选择对象: 找到 1 个,总计 2 个
选择对象: 找到 1 个,总计 3 个
选择对象: 找到 1 个,总计 4 个
选择对象:

是否将直线、圆弧和样条曲线转换为多段线？[是(Y)/否(N)]？<Y> y
输入选项 [闭合(C)/打开(O)/合并(J)/宽度(W)/拟合(F)/样条曲线(S)/非曲线化(D)/线型
生成(L)/反转(R)/放弃(U)]：j
合并类型 = 延伸
输入模糊距离或 [合并类型(J)] <0.0000>：
多段线已增加 3 条线段
输入选项 [闭合(C)/打开(O)/合并(J)/宽度(W)/拟合(F)/样条曲线(S)/非曲线化(D)/线型
生成(L)/反转(R)/放弃(U)]：
命令：_arc 指定圆弧的起点或 [圆心(C)]：c
指定圆弧的圆心：_endp 于
指定圆弧的起点：@0,3264
指定圆弧的端点或 [角度(A)/弦长(L)]：@-3264,0
命令：_arc 指定圆弧的起点或 [圆心(C)]：c
指定圆弧的圆心：_endp 于
指定圆弧的起点：@0,3270
指定圆弧的端点或 [角度(A)/弦长(L)]：@-3270,0
命令：_pline
指定起点：_endp 于
当前线宽为 0.0000
指定下一个点或 [圆弧(A)/半宽(H)/长度(L)/放弃(U)/宽度(W)]：_endp 于
指定下一点或 [圆弧(A)/闭合(C)/半宽(H)/长度(L)/放弃(U)/宽度(W)]：
命令：_pline
指定起点：_endp 于
当前线宽为 0.0000
指定下一个点或 [圆弧(A)/半宽(H)/长度(L)/放弃(U)/宽度(W)]：_endp 于
指定下一点或 [圆弧(A)/闭合(C)/半宽(H)/长度(L)/放弃(U)/宽度(W)]：
命令：pedit
选择多段线或 [多条(M)]：m
选择对象：找到 1 个
选择对象：找到 1 个，总计 2 个
选择对象：找到 1 个，总计 3 个
选择对象：找到 1 个，总计 4 个
选择对象：
是否将直线、圆弧和样条曲线转换为多段线？[是(Y)/否(N)]？<Y> y
输入选项 [闭合(C)/打开(O)/合并(J)/宽度(W)/拟合(F)/样条曲线(S)/非曲线化(D)/线型
生成(L)/反转(R)/放弃(U)]：j
合并类型 = 延伸
输入模糊距离或 [合并类型(J)] <0.0000>：
多段线已增加 3 条线段
输入选项 [闭合(C)/打开(O)/合并(J)/宽度(W)/拟合(F)/样条曲线(S)/非曲线化(D)/线型
生成(L)/反转(R)/放弃(U)]：

⑫ 执行"绘图(D)"→"建模(M)"→"拉伸(X)"命令。

命令：_extrude
当前线框密度：ISOLINES=4
选择要拉伸的对象：指定对角点：找到 1 个

选择要拉伸的对象：（选定闭合区域）

指定拉伸的高度或 [方向(D)/路径(P)/倾斜角(T)] <150.0000>: 474

删除所做辅助线。

⑬ 执行"视图"→"三维视图(D)"→"前视(F)"命令。

⑭ 执行"视图"→"三维视图(D)"→"俯视(T)"命令。

命令: _-view 输入选项 [?/删除(D)/正交(O)/恢复(R)/保存(S)/设置(E)/窗口(W)]: _top 正在重生成模型。

⑮ 阵列。做环形阵列。

⑯ 执行"视图"→"三维视图(D)"→"前视(F)"命令。

⑰ 执行"line"命令做辅助线以及"俯视、circle、trim、pedit"命令做闭合域。

命令: _line 指定第一点: _cen 于

指定下一点或 [放弃(U)]:

指定下一点或 [放弃(U)]:

执行"视图"→"三维视图(D)"→"俯视(T)"命令。

命令: _-view 输入选项 [?/删除(D)/正交(O)/恢复(R)/保存(S)/设置(E)/窗口(W)]: top 正在重生成模型。

命令: _circle 指定圆的圆心或 [三点(3P)/两点(2P)/切点、切点、半径(T)]: _endp 于

指定圆的半径或 [直径(D)] <3400.0000>: 3530

命令: _circle 指定圆的圆心或 [三点(3P)/两点(2P)/切点、切点、半径(T)]: _endp 于

指定圆的半径或 [直径(D)] <3400.0000>: 3536

命令: _circle 指定圆的圆心或 [三点(3P)/两点(2P)/切点、切点、半径(T)]: _endp 于

指定圆的半径或 [直径(D)] <3400.0000>: 4900

命令: _circle 指定圆的圆心或 [三点(3P)/两点(2P)/切点、切点、半径(T)]: _endp 于

指定圆的半径或 [直径(D)] <3400.0000>: 4635

命令: offset

当前设置: 删除源=否 图层=源 OFFSETGAPTYPE=0

指定偏移距离或 [通过(T)/删除(E)/图层(L)] <100.0000>: 181

选择要偏移的对象，或 [退出(E)/放弃(U)] <退出>:

指定要偏移的那一侧上的点，或 [退出(E)/多个(M)/放弃(U)] <退出>:

选择要偏移的对象，或 [退出(E)/放弃(U)] <退出>:

命令: _trim

当前设置:投影=UCS，边=无

选择剪切边...

选择对象或 <全部选择>: 找到 1 个

选择对象: 找到 1 个,总计 2 个

选择对象: 找到 1 个,总计 3 个

选择对象: 找到 1 个,总计 4 个

选择对象: 找到 1 个,总计 5 个

选择对象: 找到 1 个,总计 6 个

选择对象:

选择要修剪的对象，或按住 Shift 键选择要延伸的对象，或

[栏选(F)/窗交(C)/投影(P)/边(E)/删除(R)/放弃(U)]:
命令: pedit
选择多段线或 [多条(M)]: m
选择对象: 找到 2 个
选择对象: 找到 1 个, 总计 3 个
选择对象: 找到 1 个, 总计 4 个
选择对象: 找到 1 个, 总计 5 个
选择对象: 找到 1 个, 总计 6 个
选择对象: 找到 1 个, 总计 7 个
选择对象: 找到 1 个, 总计 8 个
选择对象:
是否将直线、圆弧和样条曲线转换为多段线? [是(Y)/否(N)]? <Y> y
输入选项 [闭合(C)/打开(O)/合并(J)/宽度(W)/拟合(F)/样条曲线(S)/非曲线化(D)/线型
生成(L)/反转(R)/放弃(U)]: j
合并类型 = 延伸
输入模糊距离或 [合并类型(J)] <0.0000>:
6 条多段线已增加 2 条线段
输入选项 [闭合(C)/打开(O)/合并(J)/宽度(W)/拟合(F)/样条曲线(S)/非曲线化(D)/线型
生成(L)/反转(R)/放弃(U)]:

⑱ 执行"绘图(D)"→"建模(M)"→"拉伸(X)"命令。

命令: _extrude
当前线框密度: ISOLINES=4
选择要拉伸的对象: 指定对角点: 找到 1 个
选择要拉伸的对象: (选定闭合区域)
指定拉伸的高度或 [方向(D)/路径(P)/倾斜角(T)] <150.0000>: 474

⑲ 执行"绘图(D)"→"建模(M)"→"拉伸(X)"命令。

命令: _extrude
当前线框密度: ISOLINES=4
选择要拉伸的对象: 指定对角点: 找到 1 个
选择要拉伸的对象: (选定闭合区域)
指定拉伸的高度或 [方向(D)/路径(P)/倾斜角(T)] <150.0000>: 474

⑳ 执行"修改(M)"→"实体编辑(N)"→"差集(S)"命令。

命令: _subtract 选择要从中减去的实体、曲面和面域...
选择对象: 找到 1 个
选择对象: 找到 1 个, 总计 2 个
选择对象:
选择要减去的实体、曲面和面域...
选择对象: 找到 1 个
命令: _subtract 选择要从中减去的实体、曲面和面域...
选择对象: 找到 1 个
选择对象:
选择要减去的实体、曲面和面域...

选择对象：找到 1 个
选择对象：

㉑ 执行"视图"→"三维视图(D)"→"西南等轴测(S)"命令。

命令：_-view 输入选项 [?/删除(D)/正交(O)/恢复(R)/保存(S)/设置(E)/窗口(W)]：
_swiso 正在重生成模型。

改视觉样式为真实。
㉒ 重复⑯~⑰步骤做总集水槽。
(7) 制作集水槽
① 执行"视图"→"三维视图(D)"→"前视(F)"命令。

命令：_-view 输入选项[?/删除(D)/正交(O)/恢复(R)/保存(S)/设置(E)/窗口(W)]：_front
正在重生成模型。

改视觉样式真实为二维线框。
② 执行"line"命令做辅助线。

命令：_line 指定第一点：_cen 于
指定下一点或 [放弃(U)]：
命令：
命令：_line 指定第一点：@0,-1250
指定下一点或 [放弃(U)]：

③ 执行"视图"→"三维视图(D)"→"俯视(T)"命令。

命令：_-view 输入选项 [?/删除(D)/正交(O)/恢复(R)/保存(S)/设置(E)/窗口(W)]：
_top 正在重生成模型。

④ 执行"circle"命令做辅助线。

命令：_circle 指定圆的圆心或 [三点(3P)/两点(2P)/切点、切点、半径(T)]：_endp 于
指定圆的半径或 [直径(D)] <4900.0000>：4900

⑤ 执行"offset"命令做辅助线。

命令：offset
当前设置：删除源=否 图层=源 OFFSETGAPTYPE=0
指定偏移距离或 [通过(T)/删除(E)/图层(L)] <175.0000>：500
选择要偏移的对象，或 [退出(E)/放弃(U)] <退出>：
指定要偏移的那一侧上的点，或 [退出(E)/多个(M)/放弃(U)] <退出>：
命令：offset
当前设置：删除源=否 图层=源 OFFSETGAPTYPE=0
指定偏移距离或 [通过(T)/删除(E)/图层(L)] <500.0000>：offset
需要数值距离、两点或选项关键字。
指定偏移距离或 [通过(T)/删除(E)/图层(L)] <500.0000>：700
选择要偏移的对象，或 [退出(E)/放弃(U)] <退出>：
指定要偏移的那一侧上的点，或 [退出(E)/多个(M)/放弃(U)] <退出>：
选择要偏移的对象，或 [退出(E)/放弃(U)] <退出>：

命令：_offset
当前设置：删除源=否　图层=源　OFFSETGAPTYPE=0
指定偏移距离或 [通过(T)/删除(E)/图层(L)] <700.0000>：150
选择要偏移的对象，或 [退出(E)/放弃(U)] <退出>：
指定要偏移的那一侧上的点，或 [退出(E)/多个(M)/放弃(U)] <退出>：
选择要偏移的对象，或 [退出(E)/放弃(U)] <退出>：

⑥ 执行"trim"命令做辅助线。

命令：_trim
当前设置：投影=UCS，边=无
选择剪切边...
选择对象或 <全部选择>：找到 1 个
选择对象：找到 1 个，总计 2 个
选择对象：找到 1 个，总计 3 个
选择对象：找到 1 个，总计 4 个
选择对象：
选择要修剪的对象，或按住 Shift 键选择要延伸的对象，或
[栏选(F)/窗交(C)/投影(P)/边(E)/删除(R)/放弃(U)]：

⑦ 执行"pedit"做闭合区域。

命令：pedit
选择多段线或 [多条(M)]：m
选择对象：找到 1 个
选择对象：找到 1 个，总计 2 个
选择对象：找到 1 个，总计 3 个
选择对象：找到 1 个，总计 4 个
选择对象：
是否将直线、圆弧和样条曲线转换为多段线？[是(Y)/否(N)]? <Y> y
输入选项 [闭合(C)/打开(O)/合并(J)/宽度(W)/拟合(F)/样条曲线(S)/非曲线化(D)/线型
生成(L)/反转(R)/放弃(U)]：j
合并类型 = 延伸
输入模糊距离或 [合并类型(J)] <0.0000>：
多段线已增加 3 条线段
输入选项 [闭合(C)/打开(O)/合并(J)/宽度(W)/拟合(F)/样条曲线(S)/非曲线化(D)/线型
生成(L)/反转(R)/放弃(U)]：

⑧ 执行"绘图(D)"→"建模(M)"→"拉伸(X)"命令。

命令：_extrude
当前线框密度：ISOLINES=4
选择要拉伸的对象：指定对角点：找到 1 个
选择要拉伸的对象：（选定闭合区域）
指定拉伸的高度或 [方向(D)/路径(P)/倾斜角(T)] <150.0000>：474

⑨ 大致按①～⑧步骤做集水槽墙体。
(8) 制作管道（只做一个出水管）　出水管为钢管，管径为 DN250，在集水槽要预埋

DN250Ⅳ型防水套管，出水管要求用法兰、弯头连接。

① 执行"视图"→"三维视图(D)"→"俯视(T)"命令。

命令：_-view 输入选项 [?/删除(D)/正交(O)/恢复(R)/保存(S)/设置(E)/窗口(W)]：
_top 正在重生成模型。

② 改视觉样式真实为二维线框。

③ 用"circle"命令做辅助线。

● 在集水槽上开预埋套管的孔 孔径ϕ325mm，深度150mm。

◇ 用"circle"命令画ϕ325mm 的圆。

命令：_circle 指定圆的圆心或 [三点(3P)/两点(2P)/切点、切点、半径(T)]：_int 于
指定圆的半径或 [直径(D)] <5250.0000>：d
指定圆的直径 <10500.0000>：325

◇ 执行"视图"→"三维视图(D)"→"前视(F)"命令。

命令：_-view 输入选项 [?/删除(D)/正交(O)/恢复(R)/保存(S)/设置(E)/窗口(W)]：
front 正在重生成模型。
命令：_line 指定第一点：_cen 于
指定下一点或 [放弃(U)]：@0,-150
指定下一点或 [放弃(U)]：

◇ 执行"视图"→"三维视图(D)"→"西南等轴测(S)"命令。

命令：_-view 输入选项[?/删除(D)/正交(O)/恢复(R)/保存(S)/设置(E)/窗口(W)]：
_swiso 正在重生成模型。

◇ 执行"绘图(D)"→"建模(M)"→"扫掠(P)"命令。

命令：_sweep
当前线框密度： ISOLINES=4
选择要扫掠的对象：（选择所画的辅助圆）找到 1 个
选择要扫掠的对象：
选择扫掠路径或 [对齐(A)/基点(B)/比例(S)/扭曲(T)]：选择所画的中心线

◇ 执行"修改(M)"→"实体编辑(N)"→"差集(S)"命令。

命令：_subtract 选择要从中减去的实体、曲面和面域...
选择对象：找到 1 个
选择对象：（选择集水槽的底板）
选择要减去的实体、曲面和面域...
选择对象：（选择圆柱体）找到 1 个
选择对象：

◇ 执行"视图"→"三维视图(D)"→"俯视(T)"命令。

命令：_-view 输入选项[?/删除(D)/正交(O)/恢复(R)/保存(S)/设置(E)/窗口(W)]：_top
正在重生成模型。

改视觉样式二维线框为真实。

- 做预埋套管　预埋套管由翼环和管子组成。翼环是厚度 10mm，内环φ325mm，外环 φ446mm 的钢板加工而成。
◇ 改视图样式真实为二维线框样式。
◇ 用"circle"命令做辅助线。

　　命令: _circle 指定圆的圆心或 [三点(3P)/两点(2P)/切点、切点、半径(T)]: _mid 于
　　指定圆的半径或 [直径(D)] <162.5000>: d
　　指定圆的直径 <325.0000>: 325
　　命令:
　　命令: _circle 指定圆的圆心或 [三点(3P)/两点(2P)/切点、切点、半径(T)]: _mid 于
　　指定圆的半径或 [直径(D)] <162.5000>: d
　　指定圆的直径 <325.0000>: 446

◇ 执行"视图"→"三维视图(D)"→"东南视图(E)"命令。

　　命令: _vscurrent
　　输入选项 [二维线框(2)/三维线框(3)/三维隐藏(H)/真实(R)/概念(C)/其他(O)] <真实>:
　　_2 正在重生成模型。

◇ 用"移动"命令将两圆向上或向下移动钢板厚度的距离（10mm）。

　　命令: _move
　　选择对象: 找到 1 个
　　选择对象: 找到 1 个, 总计 2 个
　　选择对象:
　　指定基点或 [位移(D)] <位移>: _mid 于 指定第二个点或 <使用第一个点作为位移>:
　　>>输入 ORTHOMODE 的新值 <1>:
　　正在恢复执行 MOVE 命令。
　　指定第二个点或 <使用第一个点作为位移>: @0,0,10

◇ 执行"绘图(D)"→"建模(M)"→"拉伸(X)"命令。

　　命令: _extrude
　　当前线框密度: ISOLINES=4
　　选择要拉伸的对象: 找到 1 个
　　选择要拉伸的对象:
　　指定拉伸的高度或 [方向(D)/路径(P)/倾斜角(T)] <-10.0000>:

◇ 执行"绘图(D)"→"建模(M)"→"拉伸(X)"命令。

　　命令: _extrude
　　当前线框密度: ISOLINES=4
　　选择要拉伸的对象: 找到 1 个
　　选择要拉伸的对象:
　　指定拉伸的高度或 [方向(D)/路径(P)/倾斜角(T)] <-10.0000>:

◇ 执行"修改(M)"→"实体编辑(N)"→"差集(S)"命令。

　　命令: _subtract 选择要从中减去的实体、曲面和面域...

选择对象：找到 1 个

选择对象：（选择大圆形成的柱体）

选择要减去的实体、曲面和面域...

选择对象：（选择小圆形成的柱体）找到 1 个

选择对象：

◇ 新建"防水套管"图层，颜色为为"2"，线型为"continuous"。

将翼环所在图层设置到"防水套管"图层。

◇ 执行"视图"→"三维视图(D)"→"俯视(T)"命令。

命令：_-view 输入选项 [?/删除(D)/正交(O)/恢复(R)/保存(S)/设置(E)/窗口(W)]：

_top 正在重生成模型。

◇ 用"circle"命令画管道。

命令：_circle 指定圆的圆心或 [三点(3P)/两点(2P)/切点、切点、半径(T)]：_endp 于

指定圆的半径或 [直径(D)] <223.0000>：d

指定圆的直径 <446.0000>：325

命令：_circle 指定圆的圆心或 [三点(3P)/两点(2P)/切点、切点、半径(T)]：_endp 于

指定圆的半径或 [直径(D)] <162.5000>：305

◇ 执行"视图"→"三维视图(D)"→"东南等轴测(E)"命令。

命令：_-view 输入选项 [?/删除(D)/正交(O)/恢复(R)/保存(S)/设置(E)/窗口(W)]：

_seiso 正在重生成模型。

◇ 执行"绘图(D)"→"建模(M)"→"扫掠(P)"命令。

命令：_sweep

当前线框密度：ISOLINES=4

选择要扫掠的对象：（选择所画的辅助大圆）找到 1 个

选择要扫掠的对象：

选择扫掠路径或 [对齐(A)/基点(B)/比例(S)/扭曲(T)]：选择所画的中心线

◇ 执行"绘图(D)"→"建模(M)"→"扫掠(P)"命令。

命令：_sweep

当前线框密度：ISOLINES=4

选择要扫掠的对象：（选择所画的辅助小圆）找到 1 个

选择要扫掠的对象：

选择扫掠路径或 [对齐(A)/基点(B)/比例(S)/扭曲(T)]：选择所画的中心线

◇ 执行"修改(M)"→"实体编辑(N)"→"差集(S)"命令。

命令：_subtract 选择要从中减去的实体、曲面和面域...

选择对象：找到 1 个

选择对象：（选择大圆所形成的柱体）

选择要减去的实体、曲面和面域...

选择对象：（选择小圆所形成的柱体）找到 1 个

选择对象：

◇ 将套管所在图层设置到"防水套管"图层。

◇ 执行"视图"→"三维视图(D)"→"俯视(T)"命令。

> 命令: _-view 输入选项 [?/删除(D)/正交(O)/恢复(R)/保存(S)/设置(E)/窗口(W)]:
> _top 正在重生成模型。

改视觉样式二维线框为真实。

● 做出水管

◇ 执行"视图"→"三维视图(D)"→"东南等轴测(E)"命令。

> 命令: _-view 输入选项 [?/删除(D)/正交(O)/恢复(R)/保存(S)/设置(E)/窗口(W)]:
> _seiso 正在重生成模型。

◇ 改试图样式真实为二维线框样式。

◇ 用夹持点方式对扫掠轴线进行编辑。

> ** 拉伸 **
> 指定拉伸点或 [基点(B)/复制(C)/放弃(U)/退出(X)]: @0,0,-110
> 命令: *取消*
> 命令: _circle 指定圆的圆心或 [三点(3P)/两点(2P)/切点、切点、半径(T)]: _endp 于
> (选择拉伸辅助线的上点)
> 指定圆的半径或 [直径(D)] <152.5000>: d
> 指定圆的直径 <305.0000>: 273
> 命令: _circle 指定圆的圆心或 [三点(3P)/两点(2P)/切点、切点、半径(T)]: _endp 于
> (选择拉伸辅助线的上点)
> 指定圆的半径或 [直径(D)] <136.5000>: d
> 指定圆的直径 <273.0000>: 257

◇ 执行"绘图(D)"→"建模(M)"→"扫掠(P)"命令。

> 命令: _sweep
> 当前线框密度: ISOLINES=4
> 选择要扫掠的对象: (选择所画的辅助大圆)找到 1 个
> 选择要扫掠的对象:
> 选择扫掠路径或 [对齐(A)/基点(B)/比例(S)/扭曲(T)]:选择所画的中心线

◇ 执行"绘图(D)"→"建模(M)"→"扫掠(P)"命令。

> 命令: _sweep
> 当前线框密度: ISOLINES=4
> 选择要扫掠的对象: (选择所画的辅助小圆)找到 1 个
> 选择要扫掠的对象:
> 选择扫掠路径或 [对齐(A)/基点(B)/比例(S)/扭曲(T)]:选择所画的中心线

◇ 执行"修改(M)"→"实体编辑(N)"→"差集(S)"命令。

> 命令: _subtract 选择要从中减去的实体、曲面和面域...
> 选择对象:找到 1 个
> 选择对象:(选择大圆所形成的柱体)

选择要减去的实体、曲面和面域...
选择对象：（选择小圆所形成的柱体）找到 1 个
选择对象：

◇ 新建"出水管道"图层。颜色"5"，线型"continuous"。
将新制作管道所在图层设置到"出水管道"图层。
◇ 执行"视图"→"三维视图(D)"→"前视(F)"命令。

命令：_-view 输入选项 [?/删除(D)/正交(O)/恢复(R)/保存(S)/设置(E)/窗口(W)]：
_front 正在重生成模型。

● 做管道附件层。
● 做出水管连接法兰。
法兰选用 PN0.6MPa 法兰，不画法兰密封水线，从标准图查得 D=375mm，K=335mm，H=10mm，C=24mm，f=2mm，L=18mm，n=12，M16，d309。
◇ 用"pline"命令做闭合区域。
◇ 执行"绘图(D)"→"建模(M)"→"旋转(R)"命令。

命令：_revolve
当前线框密度：ISOLINES=4
选择要旋转的对象：找到 1 个
选择要旋转的对象：
指定轴起点或根据以下选项之一定义轴 [对象(O)/X/Y/Z] <对象>：_endp 于
指定轴端点：_endp 于
指定旋转角度或 [起点角度(ST)] <360>：

◇ 执行"视图"→"三维视图(D)"→"俯视(T)"命令。

命令：_-view 输入选项 [?/删除(D)/正交(O)/恢复(R)/保存(S)/设置(E)/窗口(W)]：
_top 正在重生成模型。

◇ 用"circle"画法兰的辅助线。
◇ 用"line"命令画法兰辅助线。
◇ 用"circle"画法兰的螺孔。

命令：_circle 指定圆的圆心或 [三点(3P)/两点(2P)/切点、切点、半径(T)]：_int 于
指定圆的半径或 [直径(D)] <167.5000>：d
指定圆的直径 <335.0000>：18

◇ 用"copy"把中心线拷贝为画法兰的螺孔中心线。

命令：_copy
选择对象：找到 1 个
选择对象：
当前设置：复制模式 = 多个
指定基点或 [位移(D)/模式(O)] <位移>：_endp 于 指定第二个点或 <使用第一个点作为位移>：_int 于
指定第二个点或 [退出(E)/放弃(U)] <退出>：

❖ 执行"绘图(D)"→"建模(M)"→"扫掠(P)"命令。

> 命令: _sweep
> 当前线框密度: ISOLINES=4
> 选择要扫掠的对象: 找到 1 个
> 选择要扫掠的对象:
> 选择扫掠路径或 [对齐(A)/基点(B)/比例(S)/扭曲(T)]:

❖ 执行"修改(M)"→"实体操作(3)"→"三维镜像(D)"命令。

> 命令: _3darray
> 正在初始化... 已加载 3DARRAY。
> 选择对象: 找到 1 个
> 选择对象:
> 输入阵列类型 [矩形(R)/环形(P)] <矩形>:p
> 输入阵列中的项目数目: 12
> 指定要填充的角度 (+=逆时针, -=顺时针) <360>:
> 旋转阵列对象? [是(Y)/否(N)] <Y>:
> 指定阵列的中心点: _endp 于
> 指定旋转轴上的第二点: _endp 于

❖ 执行"修改(M)"→"实体编辑(N)"→"差集(S)"命令。

> 命令: _subtract 选择要从中减去的实体、曲面和面域...
> 选择对象: 找到 1 个
> 选择对象:
> 选择要减去的实体、曲面和面域...
> 选择对象: 找到 1 个
> 选择对象: 找到 1 个, 总计 2 个
> 选择对象: 找到 1 个, 总计 3 个
> 选择对象: 找到 1 个, 总计 4 个
> 选择对象: 找到 1 个, 总计 5 个
> 选择对象: 找到 1 个, 总计 6 个
> 选择对象: 找到 1 个, 总计 7 个
> 选择对象: 找到 1 个, 总计 8 个
> 选择对象: 找到 1 个, 总计 9 个
> 选择对象: 找到 1 个, 总计 10 个
> 选择对象: 找到 1 个, 总计 11 个
> 选择对象: 找到 1 个, 总计 12 个
> 选择对象:

❖ 用"circle"画法兰孔。

> 命令: _circle 指定圆的圆心或 [三点(3P)/两点(2P)/切点、切点、半径(T)]: _endp 于
> 指定圆的半径或 [直径(D)] <9.0000>: d
> 指定圆的直径 <18.0000>: 309

❖ 执行"绘图(D)"→"建模(M)"→"扫掠(P)"命令。

```
命令: _sweep
当前线框密度: ISOLINES=4
选择要扫掠的对象: 找到 1 个
选择要扫掠的对象:
选择扫掠路径或 [对齐(A)/基点(B)/比例(S)/扭曲(T)]:
```

✧ 执行"修改(M)"→"实体编辑(N)"→"差集(S)"命令。

```
命令: _subtract 选择要从中减去的实体、曲面和面域...
选择对象: 找到 1 个
选择对象:
选择要减去的实体、曲面和面域...
选择对象: 找到 1 个
选择对象:
```

将绘制的法兰所在的图层变成"管道附件"图层。

✧ 删除没必要的辅助线。

✧ 执行"视图"→"三维视图(D)"→"前视(F)"命令。

```
命令: _-view 输入选项 [?/删除(D)/正交(O)/恢复(R)/保存(S)/设置(E)/窗口(W)]:
_front 正在重生成模型。
```

✧ 将法兰"move"命令安装到管道上。

✧ 用二维镜像命令再做一个法兰。

● 做弯头 采用压制弯头,弯头采用 1.5DN 转弯半径。

用扫掠和差集命令即可完成。

到现在为止"水力澄清池"三维图完成,如图 7-21 所示。

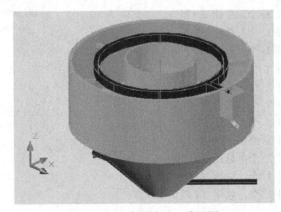

图 7-21 水力澄清池三维视图

第8章

AutoCAD 在给水排水工程应用中的功能扩展

8.1 简化命令

AutoCAD 程序参数文件"acad.pgp"是包含一系列命令的 ASCII 文本文件，也可以认为是 AutoCAD 的命令列表。当键入非常用命令时，系统在"acad.pgp"文件中搜索响应命令。

"acad.pgp"文件由两部分构成，第一部分定义外部命令，第二部分定义命令别名，并且每个部分都有若干个命令项构成。在"acad.pgp"文件中，除了定义命令项之外，还可包含对响应操作的注释和说明。注释项均以分号";"开始，并且每个命令单独占用一行。

每次启动 AutoCAD 程序时，系统都在搜索路径中搜索"acad.pgp"文件，并读入发行的第一个"acad.pgp"文件。同时，在开始绘制一幅新图或打开一幅已有图形时，系统都要重新初始化"acad.pgp"文件。如果在编辑一幅图形时需重新调入"acad.pgp"文件，可使用"reinit"命令，此命令格式为：command:reinit。

在更改该文件前最好对其进行备份，以便在必要时能恢复。

"acad.pgp"是 ACAD 的编辑程序参数文件。主要用来说明和编辑修改 ACAD 的系统和操作命令。其中很重要的是设置快捷命令，用户可以在这里熟悉缺省设定的快捷命令，也可以自行修改快捷命令。

这个文件内容会随着版本的不同略有变化。作为用户可以自行调出，无需别人提供。方法有以下两种。

① 在 ACAD 里，鼠标点击菜单工具自定义编辑程序参数(acad.pgp)就可以打开。

② 它存在于 ACAD 用户文件的【Support】文件夹中。一般应在 C:Documents and Settings 用户名或 AdministratorApplication DataAutodeskAutoCAD 某版本【Support】中，可以用记事本打开。

ACAD*.PGP 文件又称为:"程序参数文件"，见于文件的开头,原文是:

; AutoCAD Program Parameters File For AutoCAD 2004

; External Command and Command Alias Definitions

译文是:

AutoCAD 程序参数文件用于 AutoCAD 2004 外部命令和命令简称（也叫简化命令或命令别名，但不是快捷命令或快捷键）。

AutoCAD 只有一个"ACAD*.PGP"文件，因此定制"ACAD*.PGP"文件，就是编辑或修改"ACAD*.PGP"文件。请注意：编辑"acad.pgp"以及其中的任意一个部分之前，需要先建立备份，以便将来需要时能够恢复。

"ACAD*.PGP"文件的位置在 C:\Documents and Settings\user\Application Data\Autodesk\AutoCAD 2010\R18.0\chs\support（其中 user，是用户在安装 AutoCAD 时，所使用的名字），用户可以不必费心费力去寻找，要打开 PGP 文件，请在"工具"菜单上，单击"自定义"|"编辑自定义文件"|"程序参数"（acad.pgp），即可。

"ACAD*.PGP"文件包括定义外部命令和定义简化命令。

当启动 AutoCAD 系统时，系统自动调用"ACAD.PGP"文件并将其初始化。如果用户没有退出 AutoCAD 系统，并修改了"ACAD.PGP"文件，则用户所作的改变不能自动地反映在 AutoCAD 系统中。用户可退出 AutoCAD 并重新启动，以使修改后的"ACAD.PGP"文件生效。不过 AutoCAD 提供了一个更为简单的方式，在不需重新启动 AutoCAD 系统的情况下对"ACAD.PGP"文件重新初始化。具体办法是在命令行输入如下命令。

```
命令:reinit
```

系统将弹出"Re-initialization（重新初始化）"对话框，如图 8-1 所示。

用户在该对话框中选中"PGP File"开关，并按"确定"按钮确定，AutoCAD 系统将对"ACAD.PGP"进行重新初始化，以使对该文件的修改立即生效。

图 8-1 重新初始化对话框

8.2 菜单定制技术

尽管基本的自定义方法与产品以前的版本保持相同，但是用户自定义产品所使用的环境从 AutoCAD 2006 开始便已更改。

以前版本中的所有自定义选项仍然可用。用户仍然可以创建、编辑和删除界面元素，创建部分自定义文件以及使用宏和高级条目（例如 DIESEL 表达式和 AutoLISP 程序）。

但是，不再通过手动创建或编辑 MNU 或 MNS 文本文件来执行自定义任务。所有自定义任务均在"自定义用户界面"(CUI) 编辑器中通过程序界面完成。

8.2.1 创建对象快捷菜单的步骤

要在选择一个或同一类型的多个对象时显示快捷菜单上的命令，请确保使用别名 OBJECT_objecttype 或 OBJECTS_objecttype。例如，如果用户要在选定图形中的直线对象时显示快捷菜单上的命令，请使用别名"OBJECT_LINE"。快捷菜单中的命令显示时，将与别名"CMEDIT"一起显示在快捷菜单的顶部附近。

① 依次单击"工具"→"自定义"→"界面"。

② 在"自定义用户界面"编辑器中"自定义"选项卡上的"<文件名> 中的自定义设置"

窗格中，在"快捷菜单"上单击鼠标右键。单击"新建快捷菜单"。如图 8-2 所示。

③ "菜单"树底部将出现一个新的快捷菜单（名为"快捷菜单 1"）。

④ 执行以下操作。

⑤ 输入新名称覆盖默认名称"快捷菜单 1"。

⑥ 在"快捷菜单 1"上单击鼠标右键。单击"重命名"。输入新的快捷菜单名。

⑦ 单击"快捷菜单 1"，稍候，然后再次单击该快捷菜单的名称，可在位编辑其名称。

⑧ 在"特性"窗格的"说明"框中，可以为该快捷菜单输入说明。如图 8-3 所示。

⑨ 在"别名"框中，单击"[…]"按钮。

⑩ 在"别名"对话框中，按 Enter 键以定位于新行。输入菜单的其他别名，并在输入每个别名后按 Enter 键。系统将会基于程序中已经加载的快捷菜单数量自动指定别名，默认值为下一个可用的 POP 编号。

⑪ 在"命令列表"窗格中，将要添加的命令拖至"<文件名> 中的自定义设置"窗格中该快捷菜单下方的位置。

⑫ 继续添加命令直到新的快捷菜单完整。

⑬ 单击"应用"。

□ 常规	
名称	Line Object Menu
说明	
□ 高级	
别名	POP521, OBJECT_LINE
元素 ID	PMU_0001

图 8-2　自定义用户界面编辑器　　　　　图 8-3　特性窗口

8.2.2　创建对象下拉菜单的步骤

下拉菜单在所有用户界面元素的 AutoCAD 应用程序框架中占用最少的空间量，而提供了对多种命令的访问功能。

可以将命令添加到下拉菜单以便于从菜单栏进行访问，而不会丢失屏幕上的大量空间。下拉菜单上的命令可以显示为单个项目，也可以显示为具有子菜单的一组项目。必须将下拉菜单添加到工作空间才能使其显示在菜单栏上。

创建下拉菜单的步骤与创建快捷菜单的步骤相似。图 8-4 所示为已建好菜单条目。

图 8-4　已建好菜单条目

8.3 | 图形库的建立与应用

8.3.1　创建图形库

给水排水工程是建构筑物、设备、管道、阀门及管道附件的总集。按给水排水工程设计的要求，建立给水排水工程图库，并实现图形与数据的有机结合，一是制图的规范化，二是可以加快设计速度，提高效率。给水排水工程常用的一些图形对象，如弯头、三通、异径管、法兰、消火栓、阀门等。建立图形库的方法有直接做成 CAD 图，也可以用"block"、"wblock"命令来做，存于自己的绘图环境中，使用"insert"命令插入。

8.3.2　图形库应用

8.3.2.1　制作幻灯片文件

显示要用于制作幻灯片的视图。

在命令提示下，输入"mslide"。

在"创建幻灯文件"对话框中，输入幻灯片名称并为它选择位置。

AutoCAD 将图形的当前名称作为幻灯片的默认名称，并自动附加".sld"文件扩展名。

单击"保存"。

当前图形仍保留在屏幕上，幻灯文件被保存到用户指定的文件夹中。

8.3.2.2　建立幻灯片库

使用 Windows ASCII 文本编辑器创建幻灯库中要包含的幻灯文件的列表。该文件与下例类似。

entrance.sld

hall.sld

stairs.sld

study.sld

balcony.sld

使用".txt"文件扩展名命名文件并将该文件另存为文本文件。

依次单击"开始"菜单（Windows）"所有程序"（或"程序"）|"附件"|"命令提示"。

在"命令提示"窗口中的提示下，输入"CD <幻灯片的文件夹位置>"以更改文件夹。

例如：CD "c:\slides"。

在提示下输入下列语法以创建幻灯片库。

slidelib libraryname < list.txt>

例如，如果将文本文件命名为"areas.txt"，则可以创建一个名为"house.slb"的库，方法是输入"slidelib house < areas.txt"。SLIDELIB 实用工具为幻灯片库文件附加文件扩展名".slb"。

幻灯库是包含一个或多个幻灯片的文件。幻灯库文件用于创建自定义图像控件菜单或图像平铺菜单，以及合并多个幻灯文件以便于文件管理。

8.4　AutoCAD 设计中心

随着 AutoCAD 的发展，绘制图形和编辑图形的效率已大大提高，但如何充分利用已设计、绘制完成的图形资源，提高后续开发的效率和速度也是十分重要的。

设计中心是自 AutoCAD 2000 开始增加的新功能，它提供了管理、查看和重复利用图形的强大功能，使用 AutoCAD 设计中心，用户可以浏览本地计算机、网络驱动器上设计图中的图层、图块、文字样式、标注样式、线型、布局及图形等，并且只需轻轻一拖曳，就能轻松地将其复制到当前图形文件中；利用设计中心的"查找"工具可以方便地查找已有的图形文件和存放在各处的图块、文字样式、尺寸标注样式、图层等，从而便于已有资源的共享和利用，提高了图形设计和图形管理的效率。

8.4.1　启动 AutoCAD 设计中心

启动 AutoCAD 设计中心可按下述方法之一。

◆ 菜单栏："工具"｜"AutoCAD 设计中心"。
◆ 工具栏："标准"｜▦。
◆ 命令行：输入"adcenter"。

输入命令后，AutoCAD 设计中心启动，显示"设计中心"窗口，如图 8-5 所示。"设计中心"窗口默认位置在绘图区的最左边（绘图区在水平方向被压缩），可以将它拖动到绘图区中，使其成为一个浮动窗口。

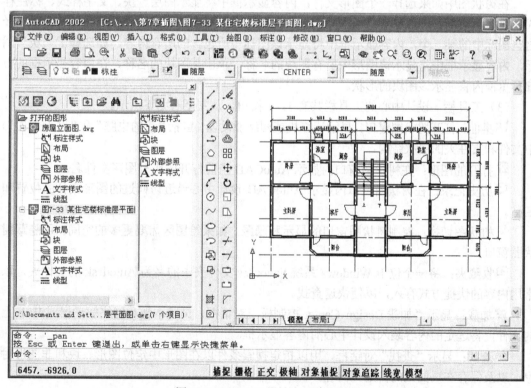

图 8-5　AutoCAD 设计中心默认位置

8.4.2　AutoCAD 设计中心窗口

如图 8-6 所示，AutoCAD 设计中心窗口分为树状图、内容显示框、工具栏 3 部分。

图 8-6　AutoCAD 设计中心窗口

（1）树状图　树状图即是 AutoCAD 设计中心的资源管理器，显示系统内部的所有资源。它与 Windows 资源管理器操作方法类同。

（2）内容显示框　内容显示框也称控制板。内容显示框上部显示在树状图中所选中图形文件的内容，下部是预览区。

在树状图中如果选择一个图形文件，内容显示框中将显示图层、块、文字样式、标注样式、线型、布局、外部参考 7 个图标(相当于文件夹)，双击其中某个图标或在树状图中选择这些图标中的某一个，内容显示框中将显示该图标中所包含的所有内容。如选择了"块"图标，内容显示框中将显示该图形中所有图块的名称，单击某图块的名称，在内容显示框的下部预览框内将显示该图块的形状。

（3）工具栏　设计中心的工具栏共有 11 个按钮，从左至右如下所示。

桌面：打开树状图窗口，显示计算机或网络驱动器（包括"我的电脑"和"网上邻居"）中文件和文件夹的层次结构。

打开的图形：在树状图窗口内显示 AutoCAD 当前打开的所有图形文件名。

历史记录：在树状图窗口内显示 AutoCAD 设计中心最近访问过的图形文件的位置和名称。

树状图切换：控制树状图窗口的显示和隐藏。如果绘图区需要更多的空间，可隐藏树状图窗口。

收藏夹：将一个位于 Windows 系统 Favorites 文件夹中的名为 Autodesk 的文件夹，以常用内容的快捷方式存入，以便快速查找。

加载：显示"加载 Design Center 控制板"对话框，浏览本地和网络驱动器或 Web 上的文件，将选定的内容装入设计中心的内容显示框。

查找：显示"查找"对话框，用以指定搜索条件以在图形中定位图形、块和非图形对象，以及保存在桌面上的自定义内容。

上一级：使设计中心内容显示框内显示上一层的内容。

预览：控制内容显示框下部图形预览区的打开或关闭。

说明：控制内容显示框下部文字预览区的打开或关闭。

视图：单击此按钮，可使内容显示框中的内容显示方式在"大图标"、"小图标"、"列表"、"详细资料" 4 种显示方式间依次切换。

8.4.3　用 AutoCAD 设计中心查找

在 AutoCAD 设计中心工具栏上单击"查找"按钮，AutoCAD 弹出"查找"对话框，如图 8-7 所示。

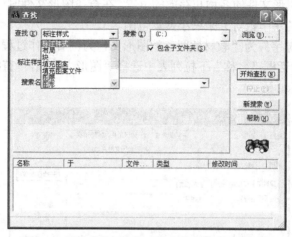

图 8-7　显示查找标注样式内容的"查找"对话框

（1）查找图层、图块、标注样式、文字样式　利用"查找"对话框可查找只知名称不知存放位置的图层、图块、标注样式、文字样式、线型、布局等，并可将查到的内容拖放到当前图形中。

下面以查找"建筑样式"标注样式为例看操作过程。

① 在"查找"对话框"名称"下拉列表中选择"标注样式"选项。

② 单击"浏览…"按钮，指定开始搜索的位置（如果搜索指定位置的所有层次，应打开"包含子文件夹"开关）。

③ 在"搜索名称"文字编辑框中输入"建筑样式"标注样式名。

④ 单击"开始查找"按钮，在对话框下部的查找栏内出现查找结果，如图 8-8 所示。如果在查找结束前已经找到需要的内容，为节省时间可以单击"停止"按钮结束查找。

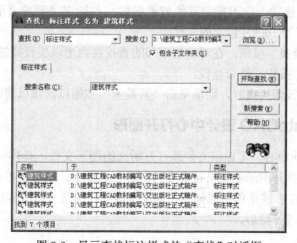

图 8-8　显示查找标注样式的"查找"对话框

⑤ 可选择其中一个，直接将其拖曳到绘图区中，则"建筑样式"样式应用于当前图形。

⑥ 单击"确定"按钮，结束查找。

（2）查找图形文件　利用"查找"对话框可根据图形文件名称查找文件存放的位置，如果不知道图形文件名，可根据该文件在"图形属性"对话框中定义的概要字段（标题、主题、作者、关键字），查找图形文件的名称和存放的位置。在查找图形文件时，还可以设置条件（如上次修改时间及文件的字节数等）来缩小搜索范围。

下面以查找"关键字"为"教材插图"的图形文件为例看操作过程。

① 在"查找"对话框"名称"下拉列表中选择"图形"选项，"查找"对话框出现 3 个选项卡，如图 8-9 所示。

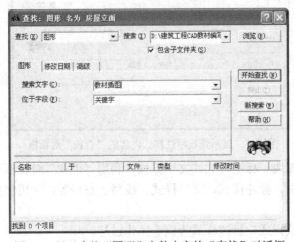

图 8-9　显示查找"图形"文件内容的"查找"对话框

② 单击"浏览…"按钮，指定开始搜索的位置。

③ 在"图形" 选项卡的"位于字段"下拉列表中选择"关键字"，在"搜索文件"文字编辑框中输入"教材插图"。

④ 在"修改日期" 选项卡中可指定文件创建或上一次修改的日期，也可指定日期范围。缺省情况下 AutoCAD 不指定日期。

⑤ 在"高级" 选项卡中可指定其他搜索参数。如指定字节数"至少"为"100"，则 AutoCAD 只查找字节为 100kB 以上的文件。

⑥ 单击"开始查找"按钮，在对话框下部的查找栏内出现要查找的图形文件路径。

⑦ 单击"确定"按钮，结束查找。

说明：如果要查找新的内容，则需单击"新搜索"按钮以清除以前的查找设置。

8.4.4　用 AutoCAD 设计中心打开图形

在 AutoCAD 设计中心，可以很方便地打开所选的图形文件，具体有以下两种方法。

（1）用右键菜单打开图形　在设计中心的内容显示框中，用右键单击所选图形文件的图标，弹出右键菜单，在右键菜单中选择"在窗口中打开"选项，如图 8-10 所示，可将所选图形文件打开并设置为当前图形。

图 8-10　用右键菜单打开图形

（2）用拖拽方式打开图形　在设计中心的内容显示框中，单击需要打开的图形文件的图标，并按住左键将其拖拽到 AutoCAD 主窗口中的除绘图区以外的任何地方（如工具栏区或命令区），松开鼠标左键后，AutoCAD 即打开该图形文件并设置为当前图形。

说明：如果拖拽图形文件到 AutoCAD 绘图区中，则是将该文件作为一个图块插入到当前的图形文件中，而不是打开该图形。

8.4.5　用 AutoCAD 设计中心复制

利用 AutoCAD 设计中心，可以方便地把其他图形文件中的图层、图块、文字样式、标注样式等复制到当前图形中，具体有以下两种方法。

（1）用拖拽方式复制　在 AutoCAD 设计中心的内容显示框中，选择要复制的一个或多个图层(或图块、文字样式、标注样式等)，用鼠标左键拖动所选的内容到当前图形中，然后松开鼠标左键，所选内容就被复制到当前图形中。

（2）通过剪切板复制　在设计中心的内容显示框中，选择要复制的内容，再用鼠标右键单击所选内容，弹出右键菜单，在右键菜单中选择"复制"选项，然后单击主窗口工具栏中"粘贴"按钮，所选内容就被复制到当前图中。

第 ❾ 章

9

>>>>>>>>>

给水排水工程常用设计软件

9.1 常用软件的特点与功能

    多数给水排水工程设计 CAD 软件包，尤其是建筑给水排水、市政管道方面的软件（如天正、理正、浩辰、鸿业以及 WPM 等给水排水 CAD 软件）都具有设计建筑给排水平面图、自动生成系统图、自动统计材料表、室外给排水管网计算、自动生成图形等功能。给水排水处理工艺方面的软件开发相对缓慢，商业化软件多数都未经权威部门测试和鉴定，其数据库、计算方法、设计方法和生成图形的准确性还没有严格保障，有待开发。

    目前市面上的给水排水、设备绘图软件包主要包括如下功能。

    （1）室内部分

    ① 快速处理建筑条件图。包括轴网、墙、柱、门窗、洞、楼梯等的绘制与编辑采用对话框方式，直观、易用。设有与其他建筑软件的接口，可十分方便地与建筑专业衔接。

    ② 具有丰富的计算功能。可自动从图形中提取计算所需的原始数据，进行给水、排水、热水循环、消火栓和自动喷洒等各系统的水力计算。还提供独立计算功能，如建筑物生活用水量、建筑物消火栓用水量、消火栓喷水压力等计算，并可对计算结果进行干预，自动生成专业计算书并直接打印。

    ③ 智能化程度很高。管道的绘制灵活方便，编辑修改非常容易，可自动生成原理图、系统图及设备、材料表。智能化的标注功能，使管径、标高标注等绘图过程更轻松。强大的修改、编辑功能，使用户避免了大量的重复性工作，提高了工作效率。依国家标准建立了丰富的图库，调用方便，并且可以随意增加、修改图块。

    （2）室外部分

    ① 快速绘制各种管道，方便快捷布置检查井，修改井地面标高、管径、坡度，自动判别管道是否碰撞，检查井自动编号。

    ② 自动由平面图生成纵断面图，在平面图上直接标注相关信息，在纵断面图上直接修

改坡度、管径等参数后可自动更新。

（3）泵房部分　布置泵房管线，绘制三通、弯头侧视图及前、后视图，绘制异径管、双管线等，并自动生成剖面图。

9.2 天正给水排水设计软件包

天正给水排水软件包具有如下特点：内嵌天正建筑软件 TArch 8.0 的基本功能，支持天正建筑各个版本绘制的建筑条件图。采用三维管道设计，模糊操作实现管线与设备、阀门精确连接。自动完成与交叉管线、设备的遮挡处理。引入工具集概念，使得图形的修改更方便、更简捷。平面图直接生成系统图时，采用多视窗技术，使整个过程一目了然。既可生成大样系统图，也可生成完整的系统图或高层立管图（展开图），同时也提供直接绘制系统图的功能。图库提供更强的开放性，给用户以更大的自由。

9.2.1　室内给排水

（1）软件功能

①　平面设计　包括给水、热水、排水、雨水、中水、消防、喷淋的设计，卫生间洁具、厨房设备的布置；在平面绘图过程中，遵循设计人员的思路，扣弯、管线遮挡在管线绘制过程中自动完成，而不中断和影响设计的思路。标高、管径、管材的标注和确定，可以在任意阶段进行，沿用"图元引用"功能，使各层平面图设计可以相互联系起来，减少重复劳动，提高效率。喷洒头的布置按实际情况来定，可以选自动搜墙线，自动布置的功能。如果建筑物形状很不规则或内部隔墙很多，用手工布置也同样方便、准确。

②　系统生成　天正给排水软件提供由平面图自动生成系统图，以及直接绘制给水、排水、热水、消防、喷淋、雨水、中水系统图（高层立管图）两套功能，提供标准方、圆形水箱及自定义水箱，提供各类常用泵的布置与配管，以及泵房、水箱间的平、剖面设计，并且用户可自行扩充水泵的图库。

③　计算模块　住宅、旅馆、普通及高级办公楼、综合楼的消防用水量估算；热水用水量计算；生活给水管道计算；生活排水立管计算（公用卫生间，专用卫生间）；水池容积计算；消火栓栓口水压力计算；设备选型：给水提升泵选型、消防泵选型、排水泵选型；查询模块：可检索关于给排水设计的各类资料，及常用数据（如用水定额）和设计规范。并在本模块中把该软件中计算模块的原理及公式详细介绍给广大用户。

总图、室外管网部分提供总图道路，构筑物及符号库的规划设计：在总图上进行给水、污水、雨水管线及水表井、阀门井、雨水井、化粪池、水池等的布置，各管线和管井可准确定位，自动搜索管线进行埋深计算，生成纵剖面图。已标注好的标高、坡度、井号、管长，修改起来方便、简洁。

④　标注功能　通用、方便的标注工具能快速完成尺寸、管径、标高、坡度等复杂繁琐的标注任务；所有标注工具都可用于标注，用户可以任意使用 AutoCAD 命令绘制图元，没有任何限制。这样即使用户一时难以学会天正给水排水软件的其他功能，也可以利用这些标注功能来完成繁琐的标注任务。

⑤ 图库功能　专有的图库管理系统，除软件系统提供大量常用专业图块外，用户可自行扩充图库，系统自动记录相关信息，统一管理。

⑥ 材料统计功能　绘制平面图后，不用手工添加任何数据，可以直接在平面图上进行材料统计，并生成材料表。统计内容包括管材的管径和管长，阀门的种类和数量，弯头的材料和数量。具体的统计内容可由用户自行确定。

⑦ 联机求助功能　由于大多数用户对 TWT 的功能并不熟悉，可以随时执行求助命令：在执行某一命令中，可键入"?"或者"help"然后按"回车"，就可看到该命令的帮助；如果没有执行任何命令，则出现"求助索引"。单击对话框里的"求助"按钮，则可看到该对话框的使用帮助。

（2）室内给水排水　管线与洁具可直接连接并自动生成系统图，同时提供一系列修改工具，方便完善系统图；读取系统图信息进行水力计算，输出计算书并标注管径。室内给水计算可以通过绘制住宅给水原理图完成住宅给水计算、通过绘制公建给水原理图或自动生成的系统图完成公共建筑给水计算。如图 9-1～图 9-3 所示。

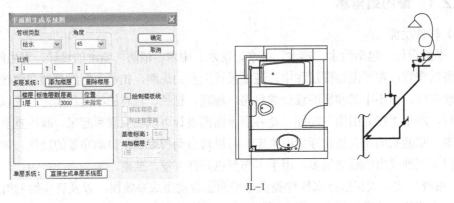

图 9-1　直接生成单层系统图示例

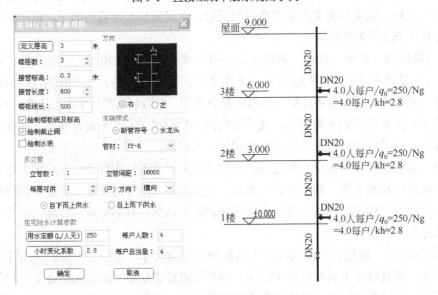

图 9-2　给水系统原理图

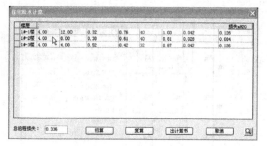

图 9-3　给水水力计算示例

（3）室内自喷与消防系统　提供多种布置喷淋设备的方案，包括"扇形喷头"、"任意布置"、"交点喷头"、"直线喷头"、"矩形喷头"、"等距喷头"，相互可配合使用。

喷淋计算按建筑物的危险等级框选作用面积可计算系统入口压力，或提供入口压力反算最不利点喷头压力，最后完成 Word 计算书。计算后自动判断各管段流速情况，以便设计师可以调整管径进行实时复算。同时还提供了消火栓系统的设计，可选择单栓、双栓及其接管方式，消防管线自动搜索消火栓接线点完成连接，标注管径后可直接进行系统水力计算，输出计算书。如图 9-4～图 9-6 所示。

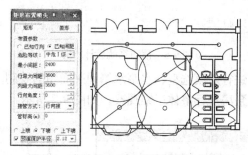

图 9-4　自动喷水灭火系统图设计示意

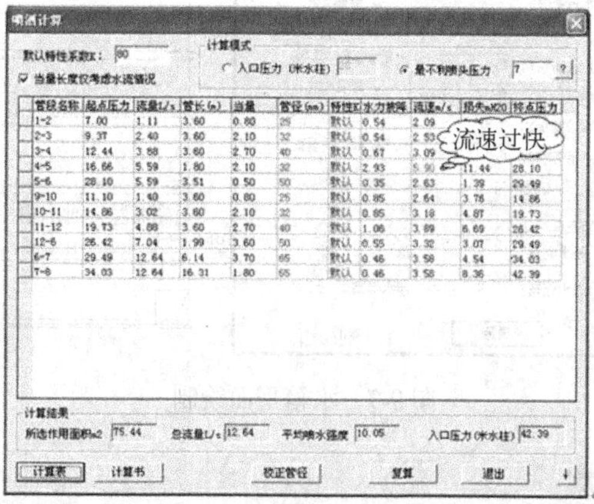

管段名称	起点压力(mH2O)	流量(L/s)	管长(m)	当量长度(m)	管径(mm)	特性系数K=80	水力坡降(mH20/m)	流速(m/s)	损失(mH20)	终点压力(mH20)
1~2	7.00	1.11	3.60	0.80	25	80	0.539	2.09	2.37	9.37
2~3	9.37	2.40	3.60	2.10	32	80	0.539	2.53	3.07	12.44
3~4	12.44	3.88	3.60	2.70	40	80	0.669	3.09	4.22	16.66
4~5	16.66	5.59	1.80	2.10	32	80	2.933	5.90	11.44	28.10
5~6	28.10	5.59	3.51	0.50	50	80	0.346	2.63	1.39	29.49
9~10	11.10	1.40	3.60	0.80	25	80	0.855	2.64	3.76	14.86
10~11	14.86	3.02	3.60	2.10	32	80	0.855	3.18	4.87	19.73
11~12	19.73	4.88	3.60	2.70	40	80	1.061	3.89	6.69	26.42
12~6	26.42	7.04	1.99	3.60	50	80	0.549	3.32	3.07	29.49
6~7	29.49	12.64	3.64	3.70	65	80	0.462	3.58	4.54	34.03
7~8	34.03	12.64	16.31	1.80	65	80	0.462	3.58	8.36	42.39
计算结果	总流量(L/s)	12.64	参调作用	75.4平方米		入口压力	42.39	平均喷水强度	10.1L/min，平方米	

图 9-5　喷水系统水力计算示例

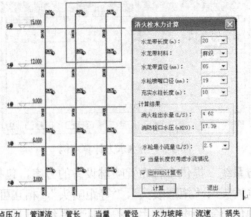

管段 名称	起点压力 mH2O	管道流 量 L/s	管长 m	当量 长度	管径 mm	水力坡降 mH2O/m	流速 m/s	损失 mH2O	终点压力 mH2O
1-2	17.39	4.62	0.63	0.00	100	0.006	0.53	0.00	17.39
2-3	17.39	4.62	3.00	3.10	100	0.006	0.53	3.03	20.43
11-3	20.43	5.06	0.63	0.00	100	0.007	0.58	0.00	20.43
3-4	20.43	9.68	3.00	6.10	100	0.025	1.12	3.23	23.66
4-5	23.66	9.68	3.00	0.00	100	0.025	1.12	3.08	26.74
5-6	26.74	9.68	3.00	0.00	100	0.025	1.12	3.08	29.81
6-7	29.81	9.68	3.00	0.00	100	0.025	1.12	3.08	32.89
7-8	32.89	9.68	3.00	0.00	100	0.025	1.12	3.08	35.96
8-9	35.96	9.68	3.00	0.00	100	0.025	1.12	3.08	39.04
9-10	39.04	9.68	4.10	0.00	100	0.025	1.12	4.20	43.24

图 9-6　消防系统设计计算

（4）水泵水箱间　可进行水泵选型、水泵水箱间平面图的绘制，依靠剖面生成命令自动生成剖面图。还可以对水泵房进行整体三维观察。如图 9-7 所示。

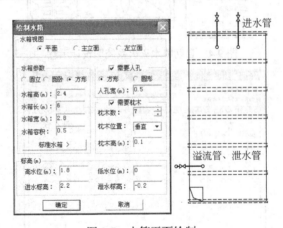

图 9-7　水箱平面绘制

9.2.2　室外给排水

可绘制道路、管线及构筑物，方便、快捷地布置检查井、标注或修改管线和井的信息，并可进行小区、市政雨污管网的水力和纵断标高的计算。以雨水管网为例，只需定义井的汇流面积、径流系数、重现期和汇水时间，就可进行管径、坡度初算并将结果返回标注图中，可根据需要在计算对话框中修改管径、坡度，进行水力参数校核的复算，最终输出 Word 计算书，点取主干管的起始、终止井，自动完成纵断面图的绘制。如图 9-8～图 9-11 所示。

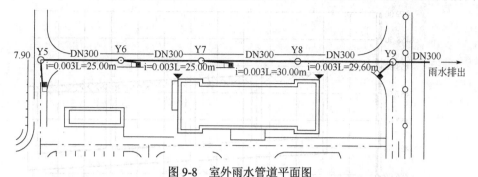

图 9-8 室外雨水管道平面图

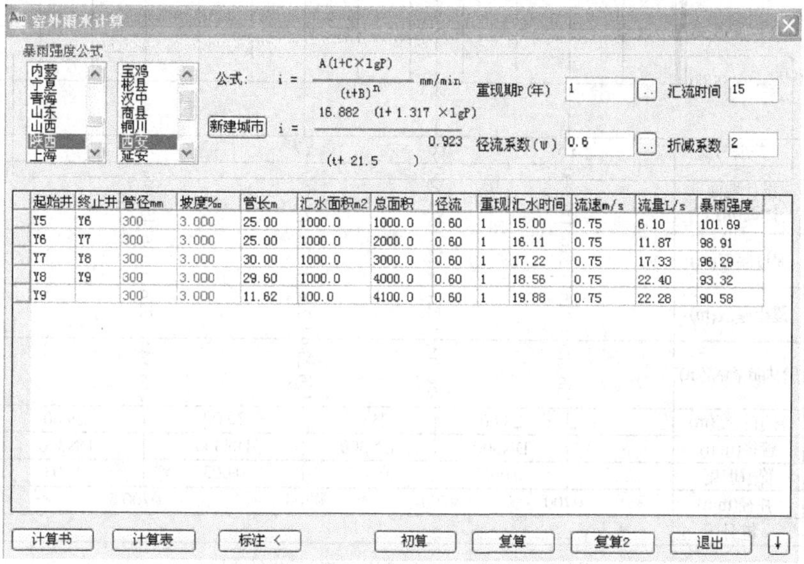

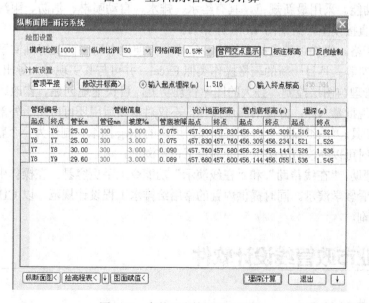

图 9-9 室外雨水管道水力计算

图 9-10 室外雨水管道埋深计算

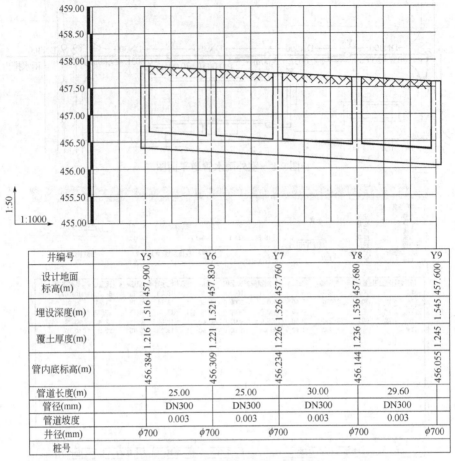

图 9-11　室外雨水管道纵断面图绘制

井编号	Y5	Y6	Y7	Y8	Y9
设计地面标高(m)	457.900	457.830	457.760	457.680	457.600
埋设深度(m)	1.516	1.521	1.526	1.536	1.545
覆土厚度(m)	1.216	1.221	1.226	1.236	1.245
管内底标高(m)	456.384	456.309	456.234	456.144	456.055
管道长度(m)	25.00	25.00	30.00	29.60	
管径(mm)	DN300	DN300	DN300	DN300	
管道坡度	0.003	0.003	0.003	0.003	
井径(mm)	φ700	φ700	φ700	φ700	φ700
桩号					

① 计算功能。采用最新规范,具有给水、排水、自动喷淋、消防、雨污管网等水力计算功能。计算直接读图,结果出 Word 计算书。

② 文字表格。提供可随意扩充的专业字库,方便地书写中西文等高文字及输入文字上下标、特殊字符等。耳目一新的表格操作类似 Excel,并可与其实现导入导出。

③ 图库管理与图层控制。强大的图库管理功能,可快速地创建、修改、删除不同类别的图块,能实现批量入库;方便的图层操作,不仅对本图适用还可应用于外部参照中。

④ 其他工具。“图纸保护”命令可以保护用户的 dwg 图纸,制作为一个整块,没有密码无法炸开,同时可以在没有安装天正的环境下正常浏览。

⑤ 在线帮助。“在线帮助”和“在线演示”功能令上手更容易。在操作中可随时查看帮助内容,并观看教学演示。同时提供内置的常用给排水工程设计规范,以 CHM 帮助文件格式实现在线查询。

9.3 鸿业市政管线设计软件

9.3.1 软件特点

① 引入工程的概念,按工程名管理不同的设计任务,可直接复制、删除整个工程。

② 软件具有较强的开发性,设计人员可以根据自己的作图习惯对纵断表头、材料表形式、管道标注形式等进行定制。

③ 完整的条件图处理功能。设计人员可以利用软件提供的道路等绘制功能绘制道路条件图。也可以利用条件图识别处理功能,把已有的条件图处理为软件可以识别的,然后再进行后续的设计工作。

④ 平面设计功能强大。可以根据需要进行自动布管、交互布管或者把用 CAD 绘制的任意直线定义为专业管线,可根据道路设计标高文件自动计算任意检查井的设计地面标高。

⑤ 计算功能强大。包括给水管网平差、雨水计算、污水计算。计算数据可以自动从图面上提取,把设计人员的计算准备工作减到最小。

⑥ 软件覆盖面广。包括给水、污水、雨水的管网设计。给水管网平差和管线的综合,对每种管道可由软件完成平面计算、断面标注等工作。

⑦ 自动化程度高。不论是地形识别、管网计算、雨污水计算还是管道纵断面以及材料表的绘制均可由软件自动完成。

9.3.2 软件菜单

本节以市政管线设计软件 9.0 版为例。

(1)菜单构成 在市政管线中有两个菜单,程序默认的 CAD 菜单和市政管线菜单,管线菜单已经不再加载 menu 菜单,而是自己做的一个菜单程序实现的。这样做的好处有:可以保证用户原来在 CAD 软件下面的菜单配置不动,避免一些外挂程序菜单消失的问题,另外其菜单允许用户拖拽移动,里面的子菜单也可以单独打开。

(2)菜单调出 在刚进入CAD 时,如果因为某种原因管线菜单没有显示出来,可以将鼠标放到 CAD 的命令区单击鼠标右键出现一个小的浮动对话框,如图 9-12 点取最下面的"选项"或"preferences"按钮,出现 CAD 配置对话框界面(如图 9-13),点取"配置"或"display"页面,选择可用配置里面的"HySzGx_9_Pro",点击"置为当前"按钮,确定退出。

图 9-12 菜单调出

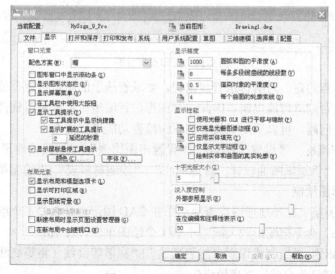

图 9-13 配置对话框界面

（3）管线菜单使用

① 菜单的打开关闭："Alt+X"两键同时按，可以切换打开或关闭菜单，也可在菜单空白处点鼠标右键，选"隐藏"即可关闭菜单。

② 菜单的位置调整：程序默认是把菜单放置在 CAD 上方工具条的下面，在菜单空白处点鼠标右键，点击"允许固定"，管线菜单就变为浮动菜单，可以随便拖放，如果要固定在顶部或侧面，还需再在菜单空白处点鼠标右键，点击"允许固定"，然后就可以放置了。菜单的宽窄可以用鼠标拉动。

9.3.3 软件工作流程

（1）工作图形确定　由手工在图板上绘图时，一般是按照一定的比例尺来进行的，例如，1∶500 的图形中，工程上的 1m 在图纸上绘出的长度是 1000 / 500=2.0mm。在 szgx 软件中，为了图形绘制时定位方便，始终认为 CAD 图形屏幕上均为 1 个绘图单位。

通过调整打印比例即可输出不同比例的图形。如图 9-14 所示打印界面中，打印比例取"自定义"，自定义比例处，第一个数永远输"1"，等号"="后面输入的值为：出图比例/1000，如果是 1∶500 出图输入"0.5"，如果是 1∶1000 出图，输入"1.0"，依此类推。

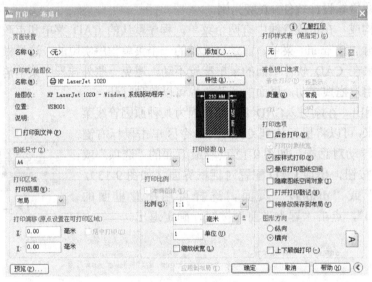

图 9-14　打印设置界面

（2）管道和节点约定　对给排水管线来说，要求管线上的断点必须有节点，有节点的地方管线必须断开，否则就可能出错。因此，对图形进行编辑时最好采用软件提供的命令，如果怀疑有些地方有问题，可以采用工具中的图面检查功能进行检查。

（3）总体工作流程　"设置工程名"|"设置出图比例"|"道路、地形图绘制和处理"|"管道平面设计"|"管道纵断面设计、管道标注"|"绘制材料表"|"绘制图例表"。

（4）道路地形图绘制

① 图形大小调整　打开地形图检查地形图在 CAD 图形中是否是 1 个绘图单位代表 1m，若不是，用"scale"命令把图形放大或缩小到 1 个绘图单位代表 1m。

② 自然地形识别　"绘制或识别自然等高线"|"离散等高线（将等高线转换为自然标高离散点）"|"绘制或转化自然标高离散点"。

③ 定义道路桩号　"定义道路中心线"或"绘制道路"|"定义道路桩号"|"标注道路桩号"。

④ 建立道路中心线自然或设计标高文件　提取道路中心线自然标高→将提取出来的自然标高格式文件转换成设计标高文件格式,后缀为"bgs"或"bgz"的路中设计标高文件时，将其拷贝到工程目录下。有道路专业提供的道路设计或自然标高数据时，输入路中设计高或自然标高。由测绘专业提供的与软件要求的数据内容及顺序相同，但前后没有括号的标高文件，可转换为软件要求的格式。

（5）给水管线设计　见图 9-15。

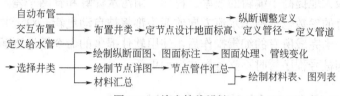

图 9-15　给水管线设计

（6）污水、雨水设计　见图 9-16。

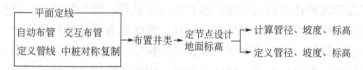

图 9-16　污水、雨水设计

（7）给水管网平差　见图 9-17。

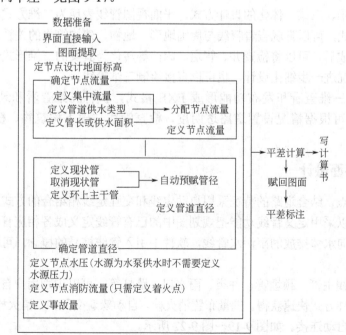

图 9-17　给水管网平差

（8）管线综合　见图 9-18。

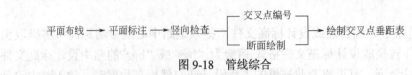

图 9-18　管线综合

（9）标注自动更新　管线的标注系统大致可以分为管道标注和节点标注，为了提高效率管线软件支持标注自动更新。利用编辑修改命令对管道进行编辑后，可以实时地从标注上看出用户的编辑成果。比如，当污水管线上的一个检查井被删除后，管线上所有检查井的编号都会自动刷新，极大地提高了编辑的效率。再如，雨污水计算和管网平差，计算后无需对管道再次标注，所有的参数包括指示水流方向的箭头都将被自动更新。对于井管标注采用了半自动的更新方式，当完成所有的编辑操作后，使用软件提供的命令框选更新即可。对于用户交互输入的数据和桩号程序暂时不支持标注自动更新。

9.4　鸿业三维智能管线设计系统

鸿业三维智能管线设计系统包括给排水管线设计软件、燃气管线设计软件、热力管网设计软件、电力管线设计软件、电信管线设计软件、管线综合设计软件等。软件可进行地形图识别、管线平面智能设计、竖向可视化设计、自动标注、自动表格绘制和自动出图。其中，给排水管线设计软件具有地形处理，给水、污水、雨水等给排水管线的平面、竖向设计，给水管网平差计算，雨污水计算，给水节点图设计，管线、节点、井管等标注，管道高程表、检查井表、材料表、管道土方表等功能。

9.4.1　三维设计

管线采用二维、三维一体化的设计方式，平面视图管线表现为二维方式，转换视角，管线表现为三维方式，可以直观查看管线与周围地形、地物、建构筑物的关系。

竖向设计完成后，可以将检查井、管道、阀门等转化为真实的三维形式，在三维基础上可以针对具体情况进一步细化设计，也可以直接绘制三维管线。

软件自带的三维查看和发布功能形成 EXE 格式，执行三维查看和录制 AVI 格式三维漫游文件，并可根据情况设置道路透明度，检查管线与地下构筑物、桥墩等的三维碰撞情况。

9.4.2　平面设计

根据管道特点，结合道路的特征采用自动定线和交互定线相结合的方式，快速得到管道平面布置图。可以采用定义管线功能把规划图中的已有管线定义成各相应管线。没有道路的给水输水管线和向水体排放的雨污水管线，软件中引入管线桩号的概念，可以根据管道里程桩来进行设计。

快速布置管线主管、预埋管、井类、雨水口、路灯等，可以识别用户自定义的雨水口，管道标高可由多种方式快速获得。批量布置消火栓，自动躲避交叉口，消火栓组合方式多样，雨水口与检查井自动连接。如图 9-19～图 9-22 所示。

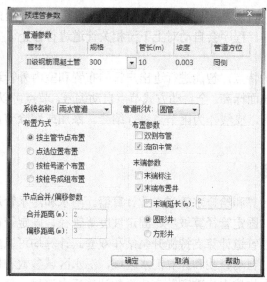

图 9-19　批量布置预埋管

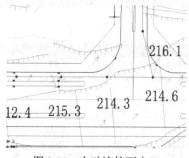

图 9-20　自动连接雨水口

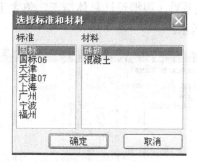

图 9-21　确定地区标准

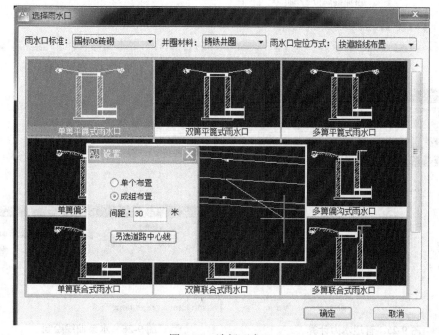

图 9-22　选择雨水口

对于布置好的管道，可以直接使用 CAD 命令或软件提供的专用命令进行编辑。排水管道直径、标高进行修改时，程序会自动对上下游相关管道进行修正。井管位置调整时，已有标注自动调整。

针对小区管线设计的特点，智能进行进出户管的布置和室内外管道连接，按照小区路标高自动计算检查井设计地面标高。全自动方式节点自动编号，节点可以全部按照主节点编号，也可以将主线作为主节点，支线作为附节点进行编号。添加或删除节点时，其他节点编号自动调整更新。

9.4.3 管道计算

包括雨、污水系统计算和给排水管道专业计算器。雨水和污水管道计算时，设计人员可以设定自己的限制条件：固定管径算坡度、固定坡度算管径、固定管径和坡度、坡度和管径均由程序计算等。雨污水管道计算支持提升泵站和双管。计算均可以生成详尽的计算书（文本、excel、word 格式）。自动查找和计算汇水区域，汇水区域参数和检查井自动关联，根据汇水面积、人口密度、人均排水标准和总变化系数计算污水流量，每个汇水区域可以采用不同的径流系数。根据设计具体情况，将主干管、支管等设置不同的降雨重现期。如图 9-23～图 9-26 所示。

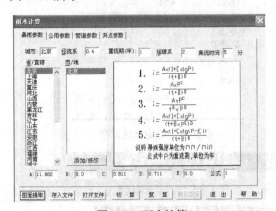

图 9-23　雨水计算

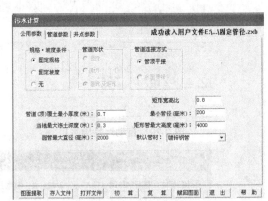

图 9-24　污水计算

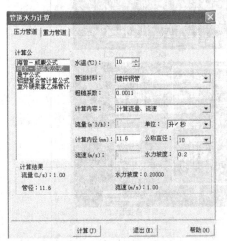

图 9-25　管道水力计算

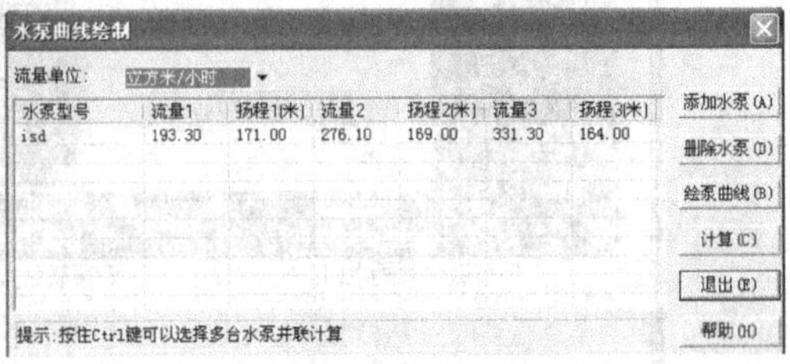

图 9-26　水泵曲线绘制

根据道路中心线、道路红线自动绘制汇水区域界线，自动根据供汇水界线布置计算参数块，自动根据给水或污水参数块按照供排水比例生成对应的污水或给水参数块。

管道土方计算支持共沟开挖，分层开挖支持设置不同边坡。如图 9-27 所示。

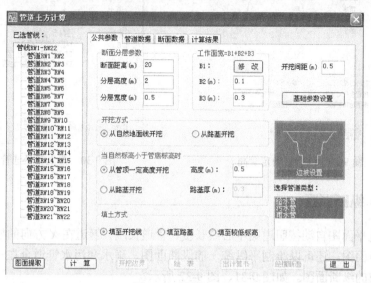

图 9-27　管道土方

9.4.4　竖向设计

根据设定的管道优先级、管顶覆土、管道净距、管道控制标高自动确定各种管道的标高。根据管顶平接、管底平接、最大充满度平接、管中平接等多种方式自动确定管道标高。根据鸿业总图或道路数字高程模型、道路标高文件、离散点等自动确定各管道节点地面标高。根据管顶覆土、管径自动选择管材。定义井盖与周围地坪的高差，真实表达设计意图。如图 9-28～图 9-30 所示。

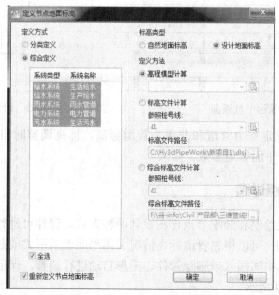

图 9-28　定义节点地面标高

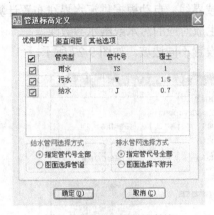
图 9-29 综合自动定管高

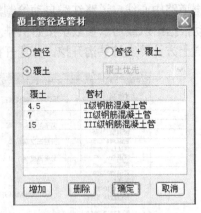
图 9-30 覆土管径选管材

9.4.5 纵断面图

可以通过平面图自动按照道路中心线长度、管道长度、管道在 X 方向的投影长度等绘制各种管道纵断面图。还可以绘制平纵统一的纵断面图、雨水和污水管道合在一起绘制雨水和污水管道合成的纵断面图。如图 9-31、图 9-32 所示。

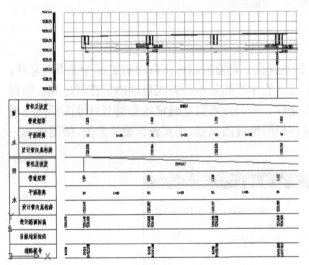
图 9-31 雨污中桩断面

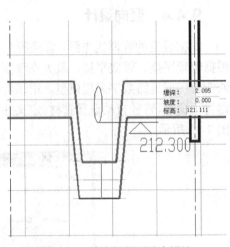
图 9-32 给水纵断面动态设计

通过纵断面动态确定重力管道和非重力管道标高,标高调整时自动更新标题栏相应数据,管道标高自动更新平面管道参数。

9.4.6 给水节点详图

包含自动节点详图绘制和装配节点详图设计两种方式。管件可进行材料表绘制。

自动节点详图绘制:可以根据管道标高情况采用平面表示形式或是轴侧图表示形式,生成的节点详图,可以在中间插入或删除管件,图形自动进行调整,保证节点管件衔接的正确性。如图 9-33、图 9-34 所示。

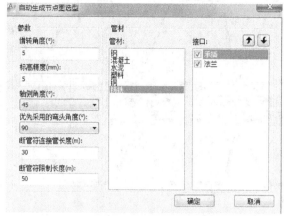
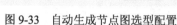

图 9-33　自动生成节点图选型配置

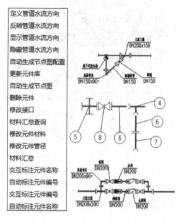

图 9-34　自动绘制节点详图

装配式节点详图绘制：可以根据自己的需要添加管件类型。如图 9-35、图 9-36 所示。

9.4.7　图面标注

图面标注包括坐标标注、管道标注、节点标注、井管标注，管线综合交叉标注等。以上标注均可以由程序自动完成，标注形式、方法多样，可以满足不同用户的需求。如图 9-37 所示。

图 9-35　选择管件

图 9-36　扩充管件

图 9-37　标注样式集合

图面标注内容会随着管道参数的编辑修改自动更新。标注采用夹点机制，可通过夹点灵活调整标注位置。

采用模板机制和标注样式机制，多模板和多标注样式共存，最大限度满足不同地区、不同设计单位的设计习惯。标注样式修改，图面标注自动更新。如图 9-38 所示。

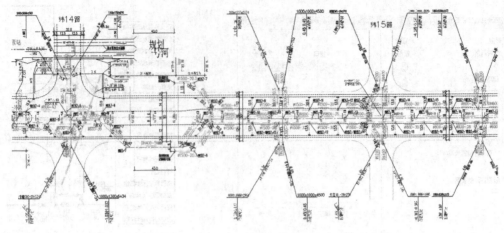

图 9-38　标注效果图

9.4.8　管网平差

给水管网平差包括节点流量计算定义、管径计算定义、管网平差、平差结果标注等平差计算全过程。平差计算时，水源可以是定压力，也可以是水泵组合。可以计算任意多个水源，可以对最不利点校核、消防校核、反算水源点压力、事故校核、最大转输等多种工况进行计算。计算原始数据可以直接输入也可以从图面自动提取。计算规模达到千级管段，计算结果可以标注到图面上，也可以形成完整的平差计算书。可以显示水源供水区域，可以绘制管网等压线。如图 9-39～图 9-45 所示。

图 9-39　给水参数块定义

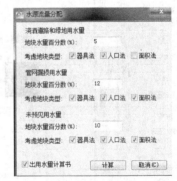

图 9-40　根据参数块分配节点流量

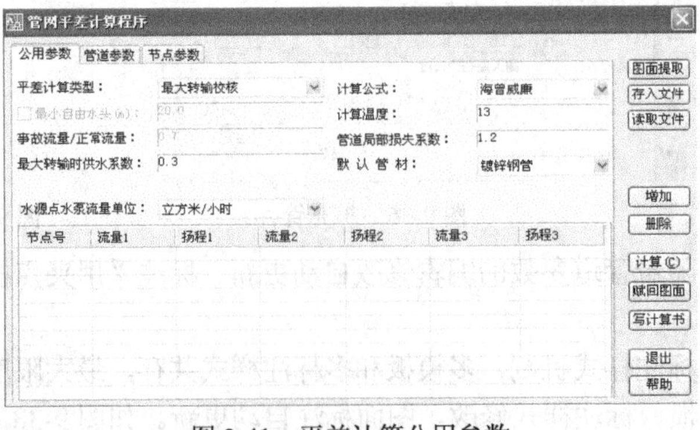

图 9-41　平差计算公用参数

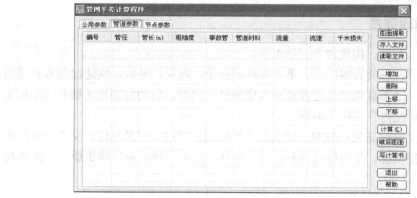

图 9-42　平差计算管道参数

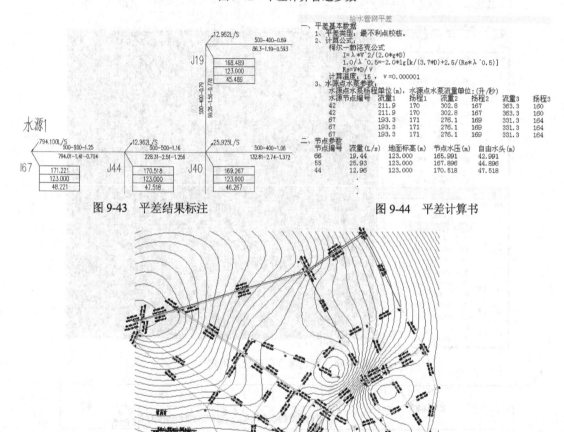

图 9-43　平差结果标注　　　　　图 9-44　平差计算书

图 9-45　显示等压线-供水区域

　　自动绘制供水区域界线，根据各地块供水标准自动计算系统供水量，自动分配节点流量和预赋管道直径。

　　节点流量可以按照人口密度和用水标准、面积供水强度、卫生器具当量等进行计算，满足城市供水、居住小区供水和农水等供水管网的平差计算。记忆标注位置，一次调整，全工况适用。

9.4.9 管线综合

管道、管沟、基础、构筑物全三维表示。

管道设置灵活，各类管线图层、节点库种类齐全，对用户开放，快速绘制各种管道、管沟、管沟管线等，动态直观地进行管道竖向碰撞分析调整，自动绘制管道横断面图和交叉点垂距表，交叉点标注内容多样、清晰。

可视化管线交叉标高交互确定。管线交叉标高交互确定、交叉标注、交叉点垂距表直观显示管道交叉碰撞情况。管道标高调整，交叉标注、交叉点垂距表自动更新。如图9-46～图9-48所示。

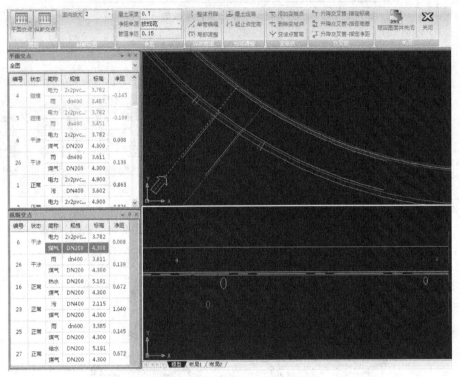

图9-46 管线综合标高交互确定

交叉口示意图	交叉点编号	上面				下面				备注
		管道代号	管道规格	管道高程	管道标高类型	管道代号	管道规格	管道高程	管道标高类型	
	1	DH	100	12.387	cen	Y	400	10.844	bot	
	2	DH	100	12.351	cen	Y	500	11.751	bot	
	3	DH	100	12.248	cen	N	200	12.077	cen	
	4	Y	400	10.888	bot	Y	400	10.829	bot	
	5	Y	500	11.740	bot	Y	400	10.884	bot	
	6	M	200	12.062	cen	Y	400	10.905	bot	
	7	Y	500	11.766	bot	Y	400	10.813	bot	
	8	Y	500	11.777	bot	Y	500	11.729	bot	
	9	M	200	12.046	cen	Y	500	11.845	bot	

图9-47 交叉点垂距表

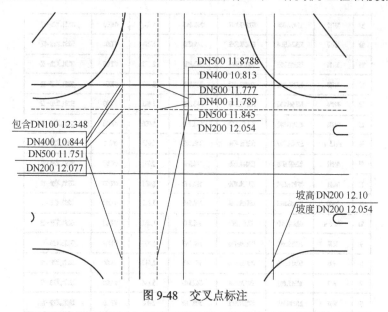

图 9-48　交叉点标注

9.4.10　统计表类

可以自动统计绘制材料表、图例表、图纸目录、检查井表、土方计算表，自动绘制管道开挖断面图。检查井表、管道高程表等随平面图自动更新。如图 9-49～图 9-52 所示。

系统	编号	标准或图号	名称	规格	单位	数量	材料	备注
排水管	10		标型钢筋混凝土管	DN300	米	85		
	9		标型钢筋混凝土管	DN400	米	34		
	8		标型钢筋混凝土管	DN500	米	30		
	7		标型钢筋混凝土管	DN800	米	127		
	6		标型钢筋混凝土管	DN1000	米	42		
	5		直型钢筋混凝土管	DN400	米	27		
	4	S231,页26-11	污水检查井	b700	座	1		
	3	S231,页23-12	污水检查井	b1000	座	8		
	2	S231,页26-14	污水检查井	b1500	座	4		
	1	S231,页23-15	污水检查井	b1800	座	2		
雨水管	13		直型钢筋混凝土管	DN300	米	81		
	12		直型钢筋混凝土管	DN400	米	192		
	11		直型钢筋混凝土管	DN250	米	72		
	10		直型钢筋混凝土管	DN850	米	65		
	9		直型钢筋混凝土管	DN1350	米	113		
	8		直型钢筋混凝土管	DN1350	米	85		
	7	S231,页26-5	雨水检查井	b700	座	1		
	6	S231,页26-6	雨水检查井	b1000	座	5		
	5	S231,页26-7	雨水检查井	b1250	座	2		
	4	S231,页26-8	雨水检查井	b1500	座	2		
	3	S232,页42-5	雨水检查井	1120x1200	座	2		
	2	S232,页49-4	雨水检查井	b-1650	座	1		
	1	S231,页23-9	雨水检查井	b1800	座	3		
系统	编号	标准或图号	名称	规格	单位	数量	材料	备注
主要材料表								

图 9-49　材料表

序号	井名	Y 坐标 (m)	X 坐标 (m)	设计地面标高 (m)	井深 (m)	井径 (mm)	井图号
20	W17	52907.888	63024.874	343.843	2.470	Φ1000	3GS1图08-12
19	W17	52824.524	63124.732	341.906	2.726	Φ1000	3GS1图08-12
18	W16	52680.763	63122.674	343.165	2.571	Φ1000	3GS1图08-12
17	W15	52640.782	63154.073	343.515	2.777	Φ1000	3GS1图08-12
18	W14	52588.190	63166.548	343.186	2.481	Φ1000	3GS1图08-12
19	W13	52540.594	63247.538	344.480	3.408	Φ1000	3GS1图08-12
14	W13-1	52606.707	63164.634	345.181	1.413	Φ1000	3GS1图08-12
13	W12	52944.838	63344.896	344.140	2.711	Φ1000	3GS1图08-12
12	W11	52641.594	63174.054	343.240	2.483	Φ1000	3GS1图08-12
11	W10	52409.643	63061.724	343.145	1.141	Φ1000	3GS1图08-12
10	W10-1	52914.810	63105.629	343.102	1.284	Φ1000	3GS1图08-12
9	W9	52913.997	63124.454	343.740	2.573	Φ1000	3GS1图08-12
8	W8	52914.579	63151.375	347.146	2.543	Φ1000	3GS1图08-12
7	W7	52941.862	63178.264	342.140	1.814	Φ1000	3GS1图08-12
6	W6	52972.149	63201.491	345.140	3.453	Φ1000	3GS1图08-12
5	W5	52991.114	63234.327	343.740	1.147	Φ1000	3GS1图08-12
4	W4	52997.194	63278.175	342.140	1.381	Φ1000	3GS1图08-12
3	W3	52949.251	63276.176	343.400	2.672	Φ1000	3GS1图08-12
2	W2	52548.122	63260.184	348.100	2.747	Φ1000	3GS1图08-12
1	W1	52985.271	63261.907	344.400	3.486	Φ1000	3GS1图08-12

图 9-50　检查井表

序号	距离	管径	坡度	管材	设计地面标高	设计管内底标高	井名	井深	检查井坐标
W2					517.16	512.87	Φ1000	4.29	36843.07,4908.70
W	11.5	dn400	0.5	II级钢筋混凝土管	517.16	512.93	Φ1000	4.23	36854.31,4906.27
W2					517.16	512.87	Φ1000	4.29	36843.07,4908.70
W	15.5	dn400	0.5	II级钢筋混凝土管	517.16	512.95	Φ1000	4.21	36827.92,4911.97
W6					518.23	513.55	Φ1000	4.68	36874.98,5016.77
W	11.5	dn400	0.5	II级钢筋混凝土管	518.23	513.61	Φ1000	4.62	36884.77,5010.75
W6					518.23	513.55	Φ1000	4.68	36874.98,5016.77
W	15.5	dn400	0.5	II级钢筋混凝土管	518.23	513.63	Φ1000	4.60	36861.77,5024.88
W9					518.25	514.11	Φ1000	4.14	36926.84,5093.86
W	11.5	dn400	0.5	II级钢筋混凝土管	518.25	514.17	Φ1000	4.08	36936.37,5087.43
W					516.97	512.50	Φ1000	4.47	36829.99,4848.09
W1	28.5	dn400	0.6	II级钢筋混凝土管	517.06	512.67	Φ1000	4.39	36836.00,4875.95
W2	33.5	dn400	0.6	II级钢筋混凝土管	517.16	512.87	Φ1000	4.29	36843.07,4908.70
W3	31	dn400	0.6	II级钢筋混凝土管	517.31	513.06	Φ1000	4.25	36849.61,4939.00
W4	31	dn400	0.6	II级钢筋混凝土管	517.64	513.24	Φ1000	4.40	36856.15,4969.30
W5	25.64	dn400	0.6	II级钢筋混凝土管	517.94	513.40	Φ1000	4.54	36863.50,4993.86
W6	25.62	dn400	0.6	II级钢筋混凝土管	518.23	513.55	Φ1000	4.68	36874.98,5016.77
W7	30.91	dn400	0.6	II级钢筋混凝土管	518.53	513.74	Φ1000	4.79	36892.16,5042.47
W8	31	dn400	0.6	II级钢筋混凝土管	518.43	513.92	Φ1000	4.51	36909.50,5068.16
W9	31	dn400	0.6	II级钢筋混凝土管	518.25	514.11	Φ1000	4.14	36926.84,5093.86
W	15.5	dn400	0.5	II级钢筋混凝土管	518.25	514.19	Φ1000	4.06	36913.99,5102.53
序号	距离	管径	坡度	管材	设计地面标高	设计管内底标高	井名	井深	检查井坐标

图 9-51　管道高程表

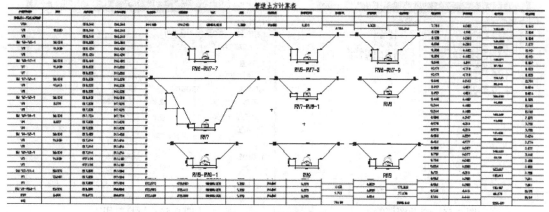

图 9-52　管道土方表

9.4.11　出图工具

自动进行平面分幅出图、纵断面分幅出图。通过专业图层管理可以快速形成给水管道、污水管道、雨水管道以及其他管道的专题图。程序自动分幅出图既包含按照传统的取样方式也包含图纸空间布局方式裁图。如图 9-53～图 9-56 所示。

平面自动裁图，可以按照桩号、已有图框、已有矩形框、裁图线等自动进行，可以自动布置裁图线、图框和矩形框，裁图线风格多样。

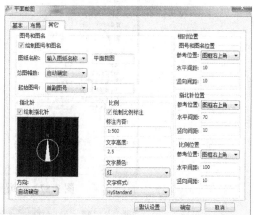

图 9-53　平面裁图设置

图 9-54　纵断面裁图设置

图 9-55　专业图层管理　　　　　　　　　图 9-56　批量打印

9.4.12　定制

可以定制管道协同设计图层标准、管道规格库、管道、节点标注形式、井管标注形式、纵断表头表示形式、纵断面数据表示形式、材料表格式、图例表格式、图纸目录格式、图框综合设置、综合管线表示方式、交叉点垂距表格式等内容。如图 9-57～图 9-64 所示。

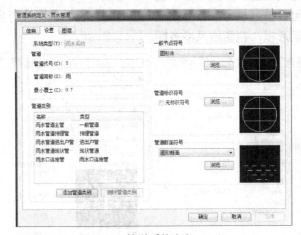

图 9-57　管道系统定义（一）

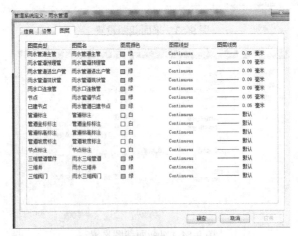

图 9-58　管道系统定义（二）

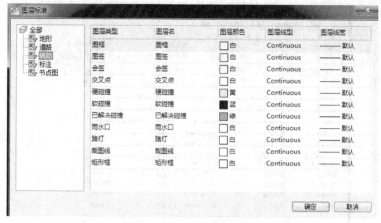

图 9-59 辅助图层管理

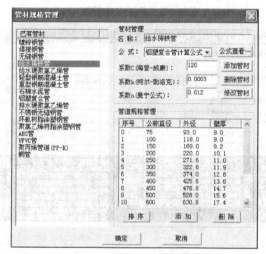

图 9-60 管材规格库管理

图 9-61 设置项示意

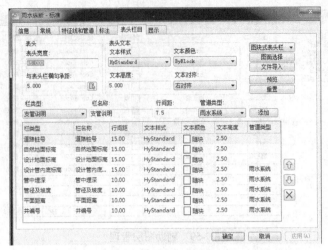

图 9-62 纵断表头设置

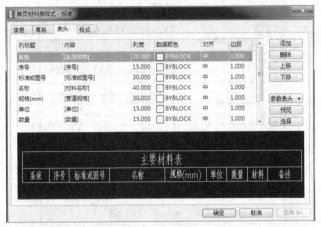

图 9-63 单页材料表设置

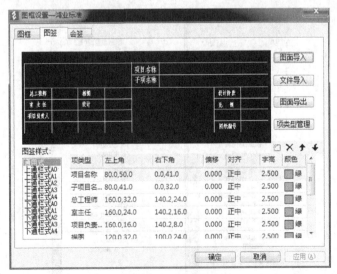

图 9-64 图框设置

第10章

给水排水工程图纸成果要求

10.1 给水排水工程制图标准

（1）线宽　依据图纸类别、比例和复杂程度，线宽（*b*）按《房屋建筑制图统一标准》中第 3.0.1 条的规定选用。线宽宜为 0.7mm 或 1.0mm。

给水排水工程 CAD 图样中常用的线宽一般为粗、中、细三种，其宽度比为 4∶2∶1（如表 10-1）。粗线宽度按图样的大小和复杂程度，在 0.5～2mm 线宽推荐系列（0.13mm、0.18mm、0.25mm、0.35mm、0.5mm、0.7mm、1.0mm、1.4m、2.0mm）中选择。一般情况下，A0、A1 幅面采用 1.0mm，A2、A3、A4 幅面采用 0.7mm。同一图纸上同类图线的宽度应保持一致。

表 10-1　给水排水工程常用的线型及线宽标准

名称	线型	线宽	用途
粗实线	——————	*b*	新设计的各种排水和其他重力流管线
粗虚线	----------	*b*	新设计的各种排水和其他重力流管线的不可见轮廓线
中粗实线	——————	0.75*b*	新设计的各种给水和其他压力流管线；原有的各种排水和其他重力流管线
中粗虚线	----------	0.75*b*	新设计的各种给水和其他压力流管线及原有的各种排水和其他重力流管线的不可见轮廓线
中实线	——————	0.50*b*	给水排水设备、零（附）件的可见轮廓线；总图中新建的建筑物和构筑物的可见轮廓线；原有的各种给水和其他压力流管线
中虚线	----------	0.50*b*	给水排水设备、零（附）件的不可见轮廓线；总图中新建的建筑物和构筑物的不可见轮廓线；原有的各种给水和其他压力流管线的不可见轮廓线
细实线	——————	0.25*b*	建筑的可见轮廓线；总图中原有的建筑物和构筑物的可见轮廓线；制图中的各种标注线
细虚线	----------	0.25*b*	建筑的不可见轮廓线；总图中原有的建筑物和构筑物的不可见轮廓线
单点长画线	—·—·—	0.25*b*	中心线、定位轴线
折断线	—⌁—	0.25*b*	断开界线
波浪线	∿∿∿	0.25*b*	平面图中水面线；局部构造层次范围线；保温范围示意线等

虚线、点划线、双点划线的线段长度及间距应相等。平行线间的距离应不小于粗实线的两倍宽度，其最小距离不得小于 0.7mm。点划线和双点划线的首末两端应为线段，虚线、点划线和双点划线与各种图线相交时，应交于线段处。当点划线和双点划线在较小图形中绘制有困难时，可用细实线代替。图线不应与文字、数字、符号重叠、混淆，不可避免时，应保证文字、数字及符号的清晰。

常用线型比例如表 10-2 所示。

表 10-2　常用线型比例

绘图比例	1：1	1：20	1：50	1：100	1：500
线型比例	5	100	250	500	2500

（2）比例　给水排水工程制图常用的比例宜按表 10-3 选择。

表 10-3　常用比例

名称	比例	备注
区域规划图 区域位置图	1：50000、1：25000、1：10000 1：5000、1：2000	宜与总图专业一致
总平面图	1：1000、1：500、1：300	宜与总图专业一致
管道纵断面图	纵向：1：200、1：100、1：50 横向：1：1000、1：500、1：300	
水处理厂（站）平面图	1：500、1：200、1：100	
水处理构筑物、设备间、卫生间、泵房平、剖面图	1：100、1：50、1：40、1：30	
建筑给排水平面图	1：200、1：150、1：100	宜与建筑专业一致
建筑给排水轴测图	1：150、1：100、1：50	宜与相应图纸一致
详图	1：50、1：30、1：20、1：10、1：5、1：2、1：1、2：1	

CAD 制图时应根据图纸内容的多少和复杂程度优先选用表 10-4 中的适当比例。

表 10-4　优先选用比例系列

种类	比例		
原值比例	1：1		
放大比例	5：1	2：1	1：1
	5×10^n：1	2×10^n：1	1×10^n：1
缩小比例	1：2	1：5	1：10
	1：2×10^n	1：5×10^n	1：1×10^n

注：比例应以阿拉伯数字标识，如 1：100，1：500。比例一般应标注在标题栏的比例栏内，当同一张图纸中绘制有不同比例的图样时，应在视图的下方或右侧标注比例。无比例图纸应在标题栏的比例栏内标注。管道、道路等线路纵断面图，可在水平方向和垂直方向采用不同比例。需要缩小出版的地形图、区域规划图和其他图上，应绘制线比例尺。

（3）标高　标高符号及一般标注方法应符合《房屋建筑制图统一标准》中的规定。室内工程应标注相对标高；室外工程宜标注绝对标高，当无绝对标高资料时，可标注相对标高，但应与总图专业一致。压力管道应标注管中心标高；沟渠和重力流管道宜标注沟(管)内底标高。常见的标高形式见图 10-1～图 10-3。

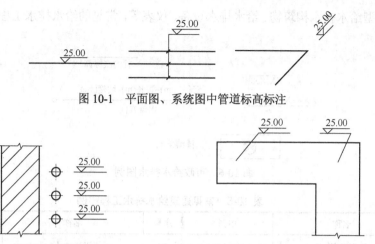

图 10-1　平面图、系统图中管道标高标注

图 10-2　剖面图中管道标高标注　　　　图 10-3　平面图中管沟标高标注

（4）管径　管径应以 mm 为单位。管径的表达方式应符合下列规定：

● 水煤气输送钢管（镀锌或非镀锌）、铸铁管等管材，管径宜以公称直径 DN 表示(如 DN15、DN50)；

● 无缝钢管、焊接钢管（直缝或螺旋缝）、铜管、不锈钢管等管材，管径宜以外径 D×壁厚表示（如 D108×4、D159×4.5 等）；

● 钢筋混凝土（或混凝土）管、陶土管、耐酸陶瓷管、缸瓦管等管材，管径宜以内径 d 表示（如 d230、d300 等）；

● 塑料管材，管径宜按产品标准的方法表示。

当设计均用公称直径 DN 表示管径时，应有公称直径 DN 与相应产品规格对照表。管径的标注方法如图 10-4 所示。

图 10-4　管径的标注方法

（5）编号　当建筑物的给水引入管、排水排出管及给排水立管的数量超过 1 根时，宜进行编号，编号方法如图 10-5 所示。

图 10-5　管道编号方法

（6）图例　图例包括管道及管道附件、管道连接、阀门、给水配件、消防设施、卫生设

施及水池、小型给水排水构筑物、给水排水设备、仪表等，常见的给水排水工程图例见图 10-6
和表 10-5。

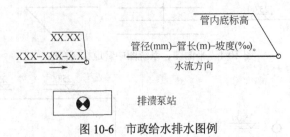

图 10-6　市政给水排水图例

表 10-5　常见建筑给水排水工程图例

序号	名称	图例	序号	名称	图例
1	给水管	—— J ——	25	淋浴喷头	
2	排水管	—— P ——	26	管道立管	JL-1　JL-1
3	污水管	—— W ——	27	立管检查口	
4	废水管	—— F ——	28	套管伸缩器	
5	消火栓给水管	—— XH ——	29	弧形伸缩器	
6	自动喷水灭火给水管	—— ZP ——	30	刚性防水套管	
7	热水给水管	—— RJ ——	31	柔性防水套管	
8	热水回水管	—— RH ——	32	软管	
9	冷却循环给水管	—— XJ ——	33	可挠曲橡胶接头	
10	冷却循环回水管	—— Xh ——	34	管道固定支架	
11	蒸汽管	—— Z ——	35	保温管	
12	雨水管	—— Y ——	36	法兰连接	
13	空调凝结水管	—— KN ——	37	承插连接	
14	坡向		38	管堵	
15	排水明沟	坡向	39	乙字管	
16	排水暗沟	坡向	40	室外消火栓	
17	清扫口		41	室内消火栓（单口）	
18	雨水斗	YD	42	室内消火栓（双口）	
19	圆形地漏		43	水泵接合器	
20	存水管		44	自动喷淋头	
21	透气帽		45	压力表	
22	喇叭口		46	水表	
23	吸水喇叭口		47	Y型过滤器	
24	自动冲洗水箱		48	闸阀	

续表

序号	名称	图例	序号	名称	图例
49	截止阀		72	潜水泵	
50	球阀		73	洗脸盆	
51	隔膜阀		74	立式洗脸盆	
52	液动阀		75	浴盆	
53	气动阀		76	化验盆 洗涤盆	
54	减压阀		77	盥洗槽	
55	旋塞阀		78	拖布池	
56	温度调节阀		79	立式小便器	
57	压力调节阀		80	挂式小便器	
58	电磁阀		81	蹲式大便器	
59	止回阀		82	坐式大便器	
60	消声止回阀		83	小便槽	
61	自动排气阀		84	化粪池	HC
62	电动阀		85	隔油池	YC
63	湿式报警阀		86	水封井	
64	法兰止回阀		87	阀门井 检查井	
65	消防报警阀		88	水表井	
66	浮球阀		89	雨水口（单算）	
67	水龙头		90	流量计	
68	延时自闭冲洗阀		91	温度计	
69	泵		92	水流指示器	
70	离心水泵		93	除垢器	
71	管道泵		94	疏水器	

10.2 给水排水专业图中管道图示及其应用

（1）单线管道图

✧ 在比例较小的图样中，不需要按照投影关系画出各种管道，不论管道粗细，都只采用位于管道中心轴线上的、线宽为 b 的单线图来表示管道。

✧ 用单线绘制各种管道的图示方法通常用于室内给水排水平面图、给水排水管道系统图、室外给水排水平面图、管道节点图、给水管道纵断面图、水处理厂平面图、水处理高程图。在同一张图上的管道，习惯上用实线表示给水，虚线表示排水。

（2）双线管道图 管道图示只用两条中实线表示管道，不画管道中心轴线，一般用于管道纵断面图，如室处排水管道纵断面图。

（3）三线管道图　用两条中实线画出管道轮廓线，用一条细点划线画出管道中心线。同一张图上的不同类别管道常用文字注明。三线管道图广泛应用于给水排水专业图中的各种详图，如室内卫生设备安装详图，水处理构筑物工艺图及泵房平、剖面图等。

（4）给水排水专业图中管道连接及其图示　不同材质、不同用途的管道可能采用不同的连接方式，常用连接方式如图 10-7 所示。

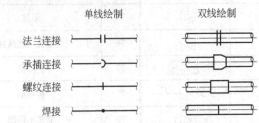

图 10-7　给水排水管道连接图示

10.3 给水排水 AutoCAD 工程绘图的基本要求

① 给水排水 CAD 工程制图图纸基本内容
◇ 水处理工程图：平面图、高程图、工艺图及详图。
◇ 建筑给水排水工程图：平面图、系统图、安装详图、管道连接图。
◇ 室外给水排水工程图：平面图、纵断面图等。
② 比例　常用比例如下。
◇ 放大比例：$5 \times 10^n：1$，$2 \times 10^n：1$，$1 \times 10^n：1$。
◇ 缩小比例：$1 \times 10^n：1$，$2 \times 10^n：1$，$5 \times 10^n：1$。
非常用比例如下。
◇ 放大比例：$2.5 \times 10^n：1$，$3 \times 10^n：1$，$4 \times 10^n：1$，$8 \times 10^n：1$。
◇ 缩小比例：$2.5 \times 10^n：1$，$3 \times 10^n：1$，$4 \times 10^n：1$，$6 \times 10^n：1$，$8 \times 10^n：1$。
③ 字体
◇ 一般用长仿宋体，宽高比采用 0.7~0.75。
◇ 也可采用宋体，楷体，黑体，Times new roman 等。
④ 图纸幅面　一般采用 A0，A1，A2，A3，A4，加长型图幅。
⑤ 图线　主要的基本线型有：实线、虚线、点划线；其他线型用间隔线、双点划线、点线、三点划线等。如图 10-8 所示。

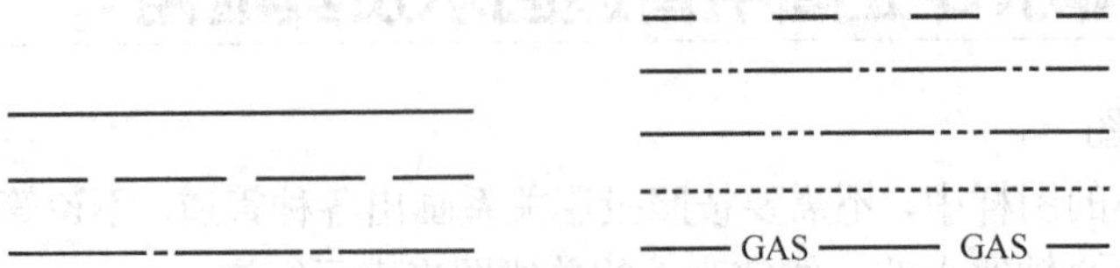

图 10-8　给水排水工程图线表达

⑥ 剖面符号　水处理常用剖面：钢筋砼剖面，砼剖面，砖剖面，液面；其他常用剖面：金属材料剖面，非金属材料剖面，固体材料，液体材料，砂剖面，草地。如图 10-9 所示。

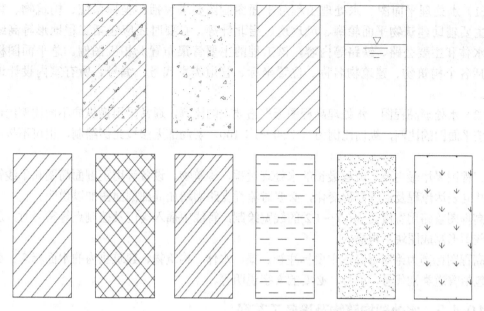

图 10-9　给水排水工程常用剖面符号

⑦ 标题栏

西安建筑科技大学建筑设计研究院	工程名称	×××××××	市政2011-07
审定　　　校对			初设-02
项目负责人　　设计		××××××	
审核　　　制图			阶段　初步设计
标准化　　描图	日期 2011.07 比例 1:100		共 页　第 页

⑧ 明细栏　工程量汇总表如表 10-6 所示。

表 10-6　工程量汇总表

序号	管径/mm	管长/m	管材	备注
1	DN300	500	钢管	
2	DN2000	200	钢筋砼	

⑨ 代号栏。

⑩ 附加栏。

⑪ 存储代号。

10.4　给水排水工程图表达的基本内容

10.4.1　水处理工程图

水处理工程总体布置应包括平面布置和高程布置两方面。必要时增绘相应剖面图，此外还应有设计和施工要求等说明文字。

（1）水处理平面图　水处理工程总平面图制图要求包括：坐标系统、构筑物、建筑物、主要辅助建筑物平面轮廓、风玫瑰、指北针等，必要时还应包括工程地形等高线和地表水体和主要公路、铁路等内容，该工程的主要管渠布置及相应图例。总平面图标注应包括各个构筑物、建筑物名称、位置坐标、管道类别代号、编号、所有室内设计地面标高。

（2）水处理高程图　水处理高程图无严格要求的比例，通常采用横纵向不同比例绘制，横向按平面图的比例，纵向比例为 1∶50～1∶100，若局部无法按比例绘制，也可不按比例绘制。

高程图采用最主要、流程最长的水处理过程，构筑物、设备等用正剖面简图和单线管道图来共同表达流程及沿程高程变化，必要时流程支路需增加局部剖面图加以说明。

高程图管路用宽度为 $b(0.7～1.2)$ 的线宽绘制，管线中插入阀门及控制点等符号时，就先将这些图形制成图块后再插入。

高程图标高为绝对标高，主要标注管、渠、水体、构筑物、建筑物内的水面标高；必要时应包括管道类别代号、编号、必要的文字说明等。

10.4.2　水处理构筑物及设备工艺图

水处理设施和非标设备多采用经验设计，需依靠平时积累。一般是先画构筑物平面图，然后画相应的剖面图，最后根据需要画出必要的详图。

10.4.3　室外给水排水工程图

室外给水排水工程图主要由给水排水管道流程图、水源取水工程图、给水处理厂管道图、城市给水排水平面图及其给水排水管道纵断面图、建筑小区给水排水平面图及其纵断面图、污水处理厂给水排水管道图及若干相应的详图等组成。

（1）室外给水排水管道流程示意图　通常用来表明一个城市的给水、排水管网或单项给水排水工程的来龙去脉。

（2）室外给水排水平面图

① 比例　一般采用与相应建筑总平面图相同的比例，若绘小区给水排水平面图，比例不小于 1∶1000。

② 布图方向　与相应的城市建筑总平面图一致。

③ 建筑总平面图　按照建筑总平面图的画法绘制城市新建和原有的建筑物和构筑物、坐标系统、等高线、道路、指北针及风玫瑰等，且位置与规划的总平面图一致，绿化可略去。

④ 管渠总平面图　习惯上将给水排水管画在同一张图上。管网附件也应与规划的管线综合图一致。图中管道须注明管道类别。同类附属构筑物多于一个时应编号。编号宜用构筑物代号加数字表示，构筑物代号采用拼音字头。给水阀门井编号应从水源到用户，从干管到支管，再到用户。排水检查井编号应从上游到下游，先干管后支管。附属构筑物编号可采用下列形式：Xm-n（X 为附属构筑物代号，m 为构筑物在干管上的编号，n 为构筑物在支管上的编号）。

室外给水排水平面图中，如果给水管与排水管、雨水管交叉，应断开排水管、雨水管，将给水管连续画出；若雨水管与排水管相遇，一般断开排水管，连续画出雨水管。

⑤ 图线（同前）。

⑥ 图例　应列出所有图例。

⑦ 标注　坐标：采用施工坐标系统。建筑物、构筑物坐标宜注其三个角的坐标，附属构筑物可只注其中心坐标。标注管道进出建筑物及构筑物的位置坐标，标注必要尺寸及标高。

若无给水排水管道纵断面图时，平面图上需将各管道的管径、坡度、管渠长度、标高及附属构筑物的规格、标高等标清楚。

⑧ 必要的文字　建筑物、构筑物的名称，施工说明。

10.4.4　建筑给水排水工程图

（1）室内给水排水平面图　表示室内卫生器具及水池、阀门、管道及附件等相对于该建筑物的平面情况。主要包括如下内容：建筑平面图，卫生器具及水池平面，各立管、干管及支管的平面布置及产管的编号，阀门及管道附件的平面，给水引入管的平面位置及其编号、排水排出管的平面位置及其编号。

◇ 建筑给水排水平面图的特点如下。

① 比例　一般采用与建筑物平面图相同的比例，常用 1∶100，必要时可用 1∶50。

② 布置方向　与相应的建筑平面图一致。

③ 平面图数量　多层建筑物的室内给水排水平面图原则上应该分层绘制，并在图下方注写其图名，对于建筑平面布置及卫生器具和管道布置、数量、规格均相同的楼层，可只绘制一个给水排水平面图，但须注明适用楼层。对于底层给水排水平面图则仍必须单独画出，同时应画出给水引入管和排水排出管，必要时需绘出相关的阀门井和检查井。若屋面上给水排水管道，通常附在顶层给水排水平面图上，必要时亦可另绘屋顶给水排水平面图。

底层给水排水平面图最好能画出整幢建筑物的底层平面图，其余各层则可只画出布置有给水排水管道及其设备的局部平面图。

④ 建筑平面图　室内给水排水的建筑平面图不必画出建筑细部，也不标注门窗代号、编号等，只需用细实线绘墙身、门窗洞、楼梯等主要构配件，并画出相应轴线，楼层平面图可只画相应首尾边界轴线。底层平面图一般要画指北针。

⑤ 卫生器具平面图　室内卫生器具不必详细绘制，对现场施工的卫生器具仅需绘其主要轮廓。均用细线绘制。

⑥ 给水排水管道平面图　不论管道在地面上或在地面下，均作为可见管道，按照选定的单粗线绘制，位于同一平面位置的两根或两根以上的不同高度的管道，为图示清楚，宜画成平行排列的管道。无论是明装还是暗装管，平面图中的管线仅表示其示意安装位置，并不表示具体平面位置尺寸。当管道暗装时，除应用说明外，管道线应绘在墙身断面内。

⑦ 标注　尺寸标注：建筑物的平面尺寸一般仅在底层给水排水平面图中标注轴线间尺寸。沿墙铺设的卫生器具和管道一般不必标注定位尺寸，必要时，应以轴线或墙面或柱面为基准标注。卫生器具的规格可用文字标注在引出线上，或在施工说明中写出，或在材料表中注写。管道长度一般不标注。除立管、引入管、排出管外，管道的管径、坡度等习惯注写在系统图中，通常不在平面图中标注。

标高标注：底层给水排水平面图中须标注室内地面标高及室外地面整平标高。楼层给水排水平面图也应标注该楼层标高，有时还要标注出用水房间外附近的楼面标高。所有标注的标高均为相对标高。

（2）给水排水系统图　系统图反映给水排水管道系统的上下层之间、前后左右之间的空间关系，各管段管径、坡度和标高，以及管道附件在管道上的位置等。

✧ 系统图的特点如下。

① 比例　通常采用与相应有平面图相同的比例，当局部管道按比例不易表示时，可不按比例绘制。

② 布图方向　与相应的平面图一致。

③ 轴向及其变形系数　与其他轴测图一样，OZ 轴总是竖直的，OX 轴与相应的平面图水平方向一致，OY 轴与图纸的水平线方向的夹角取 45°，必要时也可取 30° 或 60°，三轴的轴向变形系数均为"1"。

④ 给水排水管道　给水管道系统图一般按每根给水引入管分组绘制，排水管道系统图通常按每根排水排出管分组绘制。引入管和排出管以及立管的编号均应与其平面图中的引入管、排出管及立管对应一致。编号表示图平面图。

给水排水管道在平面上沿 X 轴和 Y 轴的长度直接从其平面图上量取，管道高度一般根据建筑物的层高、门窗高、梁的位置及卫生器具、配水龙头、阀门的安装高度等来决定。

管道附件、阀门及附属构筑物等仍用图例表示，有坡向的管道按水平管绘出。

当空间交叉的管道在图中相交时，应判别其可见性，在交叉处，可见管道连续画出，而把不可见管道断开。

当管道过于集中，即使不按比例也不能清楚地反映管道的空间走向时，可将某部分管道断开，移到图面合适的地方绘出，在两者需连接的断开部位，应标注相同的大写拉丁字母表示连接编号。

⑤ 与建筑物相对位置的表示　就用细实线绘出管道所穿过的地面、楼面、屋面、墙及梁等建筑配件和结构构件的示意位置。

⑥ 剖面　当管道、设备布置复杂，系统图不能表示清楚时，可辅以剖面图。

⑦ 标注　标注管径：可将管径直接注写在相应管道旁边，或注写在引出线上，若几个管段的管径相同，可仅标出始、末段管径，中间管段管径可省略不标注。

标注标高，系统图上仍然标注相对标高，并应与建筑图一致。

对于建筑物，应标注室内地面、室外地面、各层楼面及屋面等标高。对于给水管道，应以管中心为准，通常要标注横管、阀门和放水龙头等部位的标高。对于排水管道，一般要标注立管或通气管的管顶、排出管的起点及检查口等的标高。其他排水横管标高一般由相关的卫生器具和管件尺寸来决定，一般可不标出其标高，必要时，应标注横管的起点标高。横管的标高以管内底为准。

系统图中的标高符号画法与建筑图的标高符号画法相同，但应注意横线要平行于所标注的管线。

标注管道坡度：系统图中具有管道坡度的所有横管均应标注其坡度，通常把坡度注在相应管段旁边，必要时也可以注在引出线上，坡度符号则用单边箭头指向下坡方向。

若排水横管采用标准坡度，常将坡度要求写在施工说明中，可以不在图中标注。须注意一点，即给水引入管等给水横管的管道坡度方向与水流方向是不一致的，因给水管为压力流管道，而排水管为重力流管道。

⑧ 简化图示　当各楼层管道布置、规格等完全相同时，给水或排水系统图上的中间楼层的管道可以不画，只在折断的支管上注写同某层即可。习惯上将底层和顶层的管道全部画出来。

⑨ 图例　一般将给水排水平面图及其相应给水、排水系统图的图例统一列出，其大小与图中图例基本相同。

（3）建筑物给水排水总平面图

✧ 建筑物给水排水总平面图的图示特点如下。

① 比例　通常采用与该建筑物总平面图相同的比例，一般不小于 1：500，若管（渠）复杂，亦可用大于建筑总平面图的比例画出。

② 布图方向　与其建筑总平面图相同。

③ 建筑物建筑总平面图　按建筑总平面图和给水排水图例绘制有关建筑物、构筑物。一般应画出指北针或风玫瑰。

④ 给水排水管（渠）　由于此图的重点是突出建筑物室内外给水排水管道的连接，所以可仅画出局部室内给水和排水管道。

习惯把建筑物室内外给水和室内外排水的平面连接合画在同一张总平面图上。

⑤ 图线　管道用粗线（b）画出，新建的建筑物可见轮廓用中实线（0.5b）画，原有的建筑物可见轮廓及图例符号均用细实线（0.35b）绘制。

⑥ 标注

标注尺寸：常将管道的管径(或排水渠断面规格)就近标注或用引出线标注在相应管（渠）旁。管（渠）及其附属构筑物的平面位置，用施工坐标注出，亦可用附近原有房屋或道路等为基准，标注其定位尺寸。

标注编号和标高：对于多于一个的阀门井、检查井应编号。检查井编号顺序宜循水流方向，先干管后支管。室外管道宜标注其绝对标高。当无绝对标高资料时，可标注相对标高，标注标高的一般形式是用引出线指向所注检查井（或阀门井），水平横线上方标注井顶盖标高，水平线下方注写井内底标高，或者在水平线上方注写其编号，下方注写井底标高。

总平面图中坐标、尺寸及标高均以米为单位，取至小数点后两位。

⑦ 施工说明　施工说明一般包括以下内容：管径、尺寸、标高的单位；与室内底层设计地面标高±0.000 相当的绝对标高值；管道铺设方式、材料及防腐措施；检查井等的标准图号、规格以及安装、质量验收标准等施工要求。

（4）安装详图及管道连接图

① 安装详图　详图按照多面正投影原理绘制和阅读。常采用较大比例绘制。

详图的特点是：图形表达明确，尺寸标注齐全，文字说明详细。

常用的卫生器具安装详图可以套用《给水排水标准图集 S342 卫生设备安装》，有关附件安装详图可套用《给水排水标准图集 S220 排水设备附件及安装》，一般不必再绘制安装详图，只需在施工说明中写明所套用的图号或用详图索引符号标注。

若有特殊要求必须会制详图的，最好是能利用以往绘制的类似详图作为模板充分利用已建好的图层和图块以及设置好的文字与标注样式和材料表等，以提高绘图速度。

给水排水平面图、系统图中各卫生器具、有关附件的平面位置、安装高度必须与相应标准图或自绘安装详图一致。

② 排水管道连接图 分为连接平面图和连接系统图。原则上，前都仍按直接正投影法绘制，后者按正面斜等轴测投影法绘制。管道及附件仍画成单粗线，但其中管道附件长度则应按照产品的规格，按比例，用《给水排水制图标准》（GBJ 106—87）规定的图例符号绘制，并附管件材料表。

10.5 给水排水 CAD 制图规范化操作

10.5.1 图纸规范化

（1）图纸幅面 CAD 制图应优先采用表 10-7 规定的基本幅面。必要时，也允许选用表 10-8 和表 10-9 所规定的加长幅面。这些幅面的尺寸是由基本幅面的短边成整数倍增加后得出，如图 10-10 所示。图 10-10 中粗实线所示为表 10-7 所规定的基本幅面（第一选择）；细实线所示为表 10-8 所规定的加长幅面（第二选择）；虚线所示为表 10-9 所规定的加长幅面（第三选择）。

表 10-7 基本幅面（第一选择）

幅面代号	尺寸 $B \times L$
A0	841×1189
A1	594×841
A2	420×594
A3	297×420
A4	210×297

表 10-8 加长幅面（第二选择）

A3×3	420×891
A3×3	420×1189
A3×3	297×630
A4×3	297×841
A4×3	297×1051

表 10-9 加长幅面（第三选择）

A0×3	1189×1682
A0×3	1189×2523
A1×3	841×1783
A1×3	841×2378
A2×3	594×1261

A2×3	594×1682
A2×3	594×2102
A3×3	420×1486
A3×3	420×1783
A3×3	420×2089
A4×3	297×1261
A4×3	297×1471
A4×3	297×1682
A4×3	297×1892

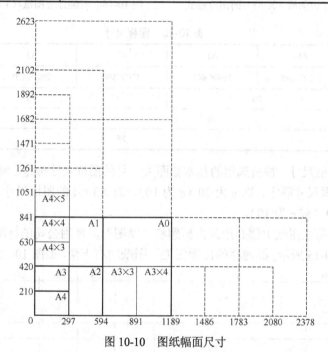

图 10-10　图纸幅面尺寸

（2）图框　在图纸上必须用粗实线画出图框，其格式分为无装订边（如图 10-11 和图 10-12 所示）和有装订边（如图 10-13 和图 10-14 所示）两种，尺寸按照表 10-10 的规定，但同一产品的图样只能采用一种格式。制图时应使用标准图框。

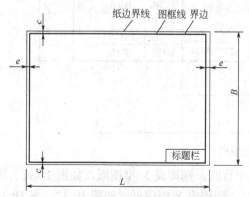

图 10-11　无装订边图纸（X 型）的图框格式

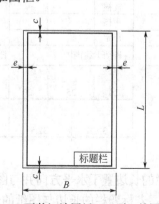

图 10-12　无装订边图纸（Y 型）的图框格式

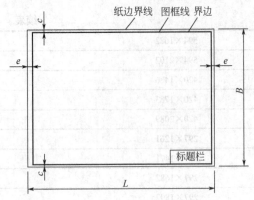

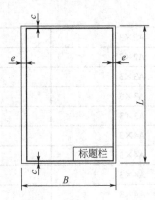

图 10-13　有装订边图纸（X 型）的图框格式　　　图 10-14　有装订边图纸（Y 型）的图框格式

表 10-10　图框尺寸

幅面代号	A0	A1	A2	A3	A4
$B \times L$	841×1189	594×841	420×594	297×420	210×297
e	20			10	
c	10			5	
a	25				

加长幅面的图框尺寸，按所选用的基本幅面大一号的图框尺寸确定。例如 A2×3 的图框尺寸，按 A1 的图框尺寸确定，即 e 为 20（c 为 10），而 A3×4 的图框尺寸，按 A2 的图框尺寸确定，即 e 为 10（或 c 为 10）。

（3）标题栏　每张图纸上都必须画出标题栏，制图时应使用公司的标准标题栏，标题栏的标准格式如图 10-15 所示。标题栏的位置应位于图纸的右下角，如图 10-11～图 10-14 所示。

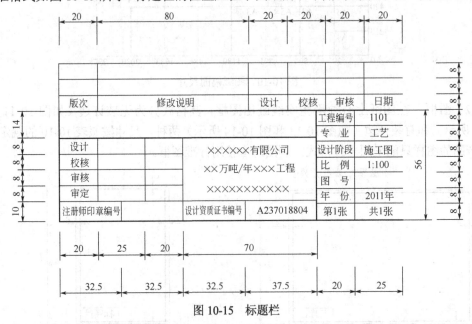

图 10-15　标题栏

标题栏的长边置于水平方向并与图纸的长边平行时，则构成 X 型图纸，如图 10-11、图 10-13 所示。若标题栏的长边与图纸的长边垂直时，则构成 Y 型图纸，如图 10-12、图 10-14

所示。此时，看图的方向与看标题栏的方向一致。

（4）文字　图纸上所书写的汉字、数字或符号等必须做到字体公整，笔画清晰、排列整齐，间隔均匀，标点符号应该清楚正确。签署时必须用黑墨水书写。

字体高度的公称尺寸系列为 2.0mm，2.5mm，3.0mm，3.5mm，4.0mm，5mmm，7mm，10mm，14mm，20m。汉字的高度一般不应小于 2.5mm，字母与数字的高度不小于 2.0mm。

汉字一般采用 SHX 字体为 Romans.shx、tssdeng.shx（可显示钢号），大字体为 hztxt.shx 的字体，一般不采用其他字体，并应采用国家正式发布实施的汉字。

当文字段同时带有汉字、字母或数字时，其字体高度按汉字字高的规定；

汉字最小行距不小于 2 mm，字符与数字的最小行距不小于 1 mm，当汉字与字母、数字混合使用时，最小行距根据汉字的规定使用。

字体的宽度比例一般采用 0.8，字体的线型采用实线，线宽为 0。

10.5.2　CAD 模板制作

为方便各设计人员交换图纸文件、统一出图格式，设计单位一般对 CAD 图纸文件的层名、颜色、线型、字型、标注格式等作统一设置，便于新项目中使用。

（1）制图样板文件　绘图前，可以通过"文件"|"新建"命令打开"选择样板"对话框，从中选择一个 AutoCAD 自带的样板文件开始图形绘制。为了满足给水排水工程不同设计内容的需要，用户最好制作自己的样板文件。创建样板文件的主要目的：把每次绘图都要进行的各种重复性工作以样板文件的形式保存下来，下一次绘图时，可直接使用样板文件的这些内容。这样，可避免重复劳动，提高绘图效率，同时，保证了各种图形文件使用标准的一致性。样板文件的内容通常包括图形界限、图形单位、图层、线型、线宽、文字样式、标注样式、表格样式和布局等设置以及绘制图框及标题栏。AutoCAD 系统的普通图形文件，将不需要存为图形样板文件中的图形内容删除，然后文件另存，另存的"文件类型"选择"图形样板"，即".dwt"。

（2）打印配置文件　为减少图纸打印的工作量，统一打印质量，CAD 提供多个出图的打印配置文件（*.CTB），可选择使用，打印样式设置可在文件菜单中的打印样式管理器中进行。

（3）制图标准统一与打印简化

① 为简化外出打印图纸的线宽设置工作，在提供制图样板文件的同时亦提供了出图样板文件（*.DWS），文件位置与制图样板文件相同。

② 在内部打印或外出打印前，可用 CAD（standards）命令引用出图样板，将制图时的颜色设置简化为若干打印颜色，统一后打印时只需调整上述颜色线宽即可。

③ 若在打印后另需修改图纸文件，可再用 CAD（standards）命令引用制图图样板，将出图时的颜色设置返回制图时的颜色设置即可。

（4）standards 命令使用方式

① 完成图纸的绘制后，键入"standards"命令。

② 点取对话框中的"+"按钮，将出图的样板文件添加进关联框。

③ 点取"检查标准"按钮，进入检查对话框。

④ 上部的问题框内会显示与标准文件内设置不符的元素。不修改该元素则点取"下一个"按钮；若修改则点取中间替换框内的标准元素，使其前方打勾，再点取"修复"按钮即可。

⑤ 重复上一个过程，直至完成全图统一。

⑥ 若需再次修改图纸，可用统一命令，先与对话框中删除出图样板文件，再添加制图样板文件，再点取"检查标准"按钮，重复以上步骤即可使图纸恢复原样。

（5）图框文件与图纸排版

① 一般各设计单位图框均以一定形式固定，图纸比例 1：1，设计时可以随时调用。

② 插入时打碎图块但勿打碎图框，并修改相关文字，若出现无法显示的文字，请用黑体（Windows）字库作局部替代，并适当调整字高。

③ 为便于替代图框且减少图框内文字的移动，图框的插入点改为右下角，请注意。

④ 每个工程出图应尽量使用不超过两种规格的图纸，应减少加长图纸的使用。

⑤ 不同比例或比例差距较大的图纸，应分拆为独立文件设置；图纸内容应尽量紧凑。